王二导 ◎ 编著

U0611744

手把手教你做 AI 大片

中国水利水电出版社
www.waterpub.com.cn
·北京·

内容提要

在 AI 技术席卷全球的今天，影视创作变得更加便捷高效。本书是一本专为视频创作者、影视爱好者、AI 技术探索者打造的实战指南，系统揭秘如何用 AI 工具高效制作专业级影视作品。

全书共 18 章，从 10 万＋爆款视频的工作流拆解开始，深入讲解 Midjourney、Stable Diffusion、可灵、Sora 等主流 AI 工具的实操技巧，覆盖剧本生成、分镜设计、角色一致性控制、特效制作、声音克隆等全流程。

本书深入讲解了文生图底层逻辑，传授实用的提示词编写技巧，分享模型选择公式，并通过几十个实例演示，让读者学会生成符合预期的图像。针对软件安装部署，提供了包括配置要求、环境部署及常见报错解决方法的保姆级教程。

同时，本书还针对 AI 创作中的常见难题，如 Stable Diffusion 作品优化、人物生成一致性、精准控场等，提供了有效的解决方案，并介绍了声音克隆、文旅片、科幻片、战争片、武侠片等不同类型视频的创作秘籍，以及 Sora、DeepSeek 等工具的高阶玩法。

无论是影视行业从业者寻求转型，还是短视频爱好者渴望提升创作水平，本书都能提供从创意构思到商业变现的全方位指导，成为驾驭 AI 技术、释放创意的终极武器。

图书在版编目（CIP）数据

手把手教你做 AI 大片 / 王二导编著 .
－－ 北京 : 中国水利水电出版社 , 2025. 8.
－－ ISBN 978-7-5226-3577-4

Ⅰ . TP317.53

中国国家版本馆 CIP 数据核字第 2025B0P304 号

书　　名	手把手教你做 AI 大片
	SHOUBASHOU JIAO NI ZUO AI DAPIAN
作　　者	王二导　编著
出版发行	中国水利水电出版社
	（北京市海淀区玉渊潭南路 1 号 D 座　100038）
	网址：www.waterpub.com.cn
	E-mail：zhiboshangshu@163.com
	电话：（010）62572966-2205/2266/2201（营销中心）
经　　售	北京科水图书销售有限公司
	电话：（010）68545874、63202643
	全国各地新华书店和相关出版物销售网点
排　　版	北京智博尚书文化传媒有限公司
印　　刷	河北文福旺印刷有限公司
规　　格	170mm×240mm　16 开本　15 印张　281 千字
版　　次	2025 年 8 月第 1 版　2025 年 8 月第 1 次印刷
印　　数	0001—3000 册
定　　价	69.80 元

让技术为创意插上翅膀

三年前的那个深夜，当我将"cyberpunk metropolis,neon lights,rainy streets"（赛博朋克都市，霓虹灯光，雨夜街道）提示词输入 Midjourney 时，屏幕前突然绽放的赛博朋克世界，让我感到前所未有的震撼。

在那张由算法编织的未来都市图景中，雨丝在霓虹招牌的折射下呈现出量子跃迁般的质感，悬浮列车的轨迹在楼宇间划出数据流般的残影——这些超越人类手绘极限的细节，在 AI 的神经网络里如同呼吸般自然生长。

彼时正值影视业寒冬，我却在这个深夜看到了技术革命的曙光。

这场革命远比预想中来得迅猛。光线传媒董事长王长田曾透露，AI 技术已被应用到光线传媒的动画电影制作中。"去年，我们开始组建自己内部的动画制作团队，但由于待开发项目数量太多，在较长的一段时间里制作力量仍将难以满足需求；而 AI 技术不仅可以提高 50% 的数字电影制作效率，提升影片在表演和视觉效果方面的品质，还可以将电影制作周期缩短 30%。原来我们计划一年能上映 3 部动画电影，未来可以达到一年 4 部。"

当越来越多的 AI 应用出现在市面上，从业者们讨论的焦点已从"技术可行性"转向"工业化落地标准"，我知道，属于 AI 的时代来了。

2024 年年初制作的《AI 甘肃》文旅短片，因新华社客户端转发意外引爆流量。在 2 分钟的 AI 视频中，无论是对甘肃古文化的复现，还是借助 AI 的方式展现地方风俗文化，都具有重要的意义，而最受热议的"麻辣烫渐变丹霞"镜头，实则是用 deforum 技术，通过多次图像演变将辣椒红油转换为地质纹理。视频爆火后，我的收件箱被200多封邮件淹没：影视公司询问如何保持角色微表情一致；MCN机构求教D-ID数字人直播的唇形同步方案；独立导演则更关注如何实现"一镜到底"……这些追问背后，是创作者们对系统性方法论的渴求。

这些热切的询问让我陷入沉思。过去三年，我亲历了AI影视工具从"玩具级"到"工业级"的进化：Stable Diffusion的ControlNet让角色姿势控制不再是玄学，Sora 60秒长视频的物理引擎已展现出颠覆性潜力。然而与之形成鲜明对比的是，创作者们仍在迷雾中摸索。

本书正是对这些追问的回应。在历时几个月的编写过程中，我复现了几十个影视级案例，测试了200多个AI工具版本迭代，最终沉淀出三大核心模块。

1. 工具进化史

从Midjourney V3到V6的风格控制进化，从Stable Diffusion基础版到XL Turbo的渲染突破，我梳理了12个主流工具的迭代逻辑。针对影视创作的特殊需求，特别总结出"提示词—参数—工作流"的三层控制体系。例如，在角色设计中，如何通过LoRA模型固定面部特征，结合OpenPose调整人物动态。

2. 工业化实战指南

针对短剧量产中的角色一致性难题，我先运用"特征锚定工作流"——用Stable Diffusion生成基础人像，再通过LoRA风格特征，借助ComfyUI的节点工作流实现跨场景特征迁移。在连续镜头中，这套方案将主角服饰纹理的偏差率控制在8%以内。

3. 类型片破壁公式

在文旅片创作中，我结合文生视频与EbSynth视频风格重绘，实现古迹与现代元素的时空交融；在武侠场景制作中，利用Stable Diffusion的LoRA，配合Photoshop的裁剪拼接，使单镜头制作周期从3天压缩至2小时。

本书中的操作步骤均经过影视级测试。我在使用DeepSeek生成剧本后，通过优化分镜描述，最终在文生视频中实现镜头连贯性控制；"数字人表情驱动"部分，结合OpenPose的动作骨骼绑定与Wav2lip的唇部同步技术，使AI角色的口型同步精度达到95%以上。

这些成果的取得，离不开对每个参数的反复调试。例如，在 ControlNet 的线稿约束中，我测试了 12 种预处理器权重，才找到画面稳定性与创意自由度之间的最佳平衡点。

谨以本书献给所有在技术浪潮中保持创作初心的同行者。当你在 SDXL 的参数面板中调整提示词权重时，请记住——那不仅是控制潜空间的数值，更是在校准想象力的波长；当你用 DeepSeek 优化分镜脚本时，那些流淌的代码背后，是人类叙事本能的数字显影。

正如电影史从梅里爱的停机到卡梅隆的虚拟拍摄，每次技术革命都在拓展故事的边界，而这次，轮到人类以 AI 为笔，在数字画布上书写新的创作宣言。

AI 不是替代创意的工具，而是放大想象力的杠杆。

翻开这本书，你将掌握的不是冰冷的参数，而是让世界看见你眼中故事的能力。

此外，读者可以通过以下两种方式获取本书的相关资源。

（1）读者可以扫描下方的二维码，或在微信公众号中搜索"设计指北"，关注后发送"AI 大片"至公众号后台，即可获取本书的各类资源下载链接。将该链接复制到计算机浏览器的地址栏中，根据提示进行下载（注意：不要点击链接直接下载，不能使用手机下载和在线解压）。关注"设计指北"公众号，还可以获取更多新书资讯。

（2）读者也可以加入本书的 QQ 学习交流群 1054487309，进群下载本书的资源链接，并且可以与作者进行在线交流学习。本书的勘误也会在此交流群中发布。

作者
2025 年 6 月

CONTENTS
目　录

手
把
手
教
你
做
AI
大
片

第 1 章

生成 10 万+爆款视频的 AI 工具

1.1 工作流拆解

2024年年初，一条由央视频发布的《AI我中华》的AI视频横空出世，瞬间引爆全网。这条视频结合全国各省份的标志性建筑及人文内涵，从AI的角度巧妙融合了丰富多样的中华传统元素，以及全国各地的独特美景，最后将主题“爱我中华”升华为“AI我中华”，在很大限度上拓展了AI结合文旅的想象空间。

之后，笔者制作了一条以甘肃文化为基调的《AI甘肃》视频，此视频一经发布，收获广泛好评，同时也被新华社等多家媒体转发。

下面以《AI甘肃》为例，详细拆解制作一条精细的AI视频的构思及详细工作流。

步骤1 构建创意。一条优质视频作品的创作需要以专业剧本作为核心支撑。当前很多人对AI视频的认知往往存在误区，认为仅需输入简单指令即可自动生成理想的视频内容。

然而，在实际制作流程中，完整的视频创作需要遵循“创意先行”原则——创作者需要先形成完整的创意框架，并能够对该创意进行结构化表述。图1.1所示为用AI生成的简单创意描述。

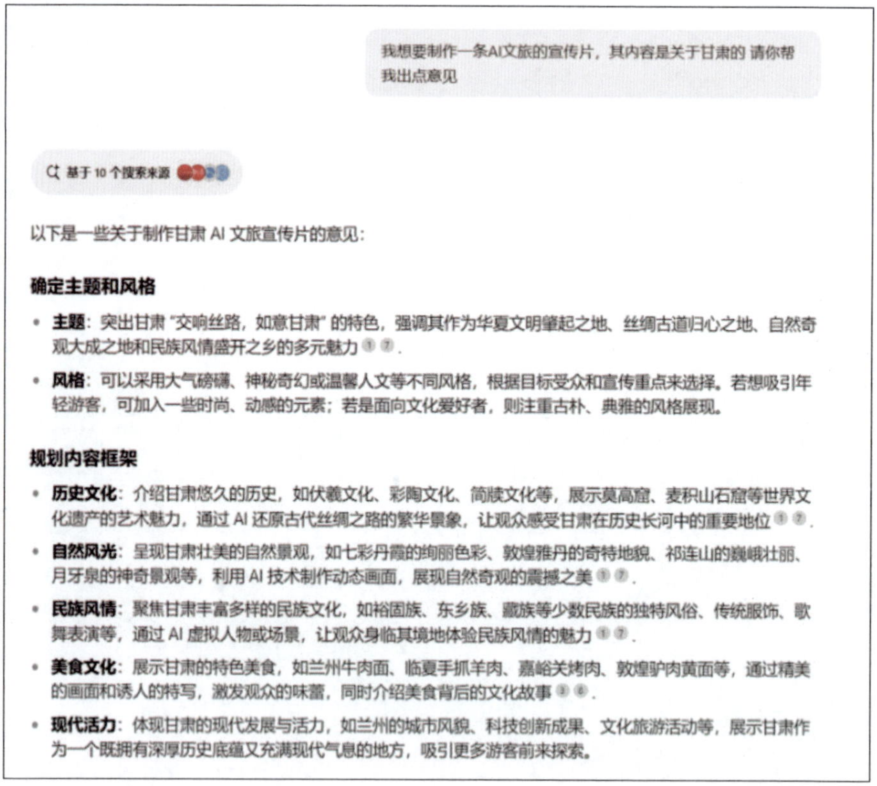

我想要制作一条AI文旅的宣传片，其内容是关于甘肃的 请你帮我出点意见

基于 10 个搜索来源

以下是一些关于制作甘肃 AI 文旅宣传片的意见：

确定主题和风格

- **主题**：突出甘肃“交响丝路，如意甘肃”的特色，强调其作为华夏文明肇起之地、丝绸古道归心之地、自然奇观大成之地和民族风情盛开之乡的多元魅力 1 7 .
- **风格**：可以采用大气磅礴、神秘奇幻或温馨人文等不同风格，根据目标受众和宣传重点来选择。若想吸引年轻游客，可加入一些时尚、动感的元素；若是面向文化爱好者，则注重古朴、典雅的风格展现。

规划内容框架

- **历史文化**：介绍甘肃悠久的历史，如伏羲文化、彩陶文化、简牍文化等，展示莫高窟、麦积山石窟等世界文化遗产的艺术魅力，通过 AI 还原古代丝绸之路的繁华景象，让观众感受甘肃在历史长河中的重要地位 1 7 .
- **自然风光**：呈现甘肃壮美的自然景观，如七彩丹霞的绚丽色彩、敦煌雅丹的奇特地貌、祁连山的巍峨壮丽、月牙泉的神奇景观等，利用 AI 技术制作动态画面，展现自然奇观的震撼之美 1 7 .
- **民族风情**：聚焦甘肃丰富多样的民族文化，如裕固族、东乡族、藏族等少数民族的独特风俗、传统服饰、歌舞表演等，通过 AI 虚拟人物或场景，让观众身临其境地体验民族风情的魅力 1 7 .
- **美食文化**：展示甘肃的特色美食，如兰州牛肉面、临夏手抓羊肉、嘉峪关烤肉、敦煌驴肉黄面等，通过精美的画面和诱人的特写，激发观众的味蕾，同时介绍美食背后的文化故事 3 6 .
- **现代活力**：体现甘肃的现代发展与活力，如兰州的城市风貌、科技创新成果、文化旅游活动等，展示甘肃作为一个既拥有深厚历史底蕴又充满现代气息的地方，吸引更多游客前来探索。

图1.1 用AI生成的简单创意描述

步骤2 生成剧本。基于输入的提示词，AI 生成了初始创作方案，构建了视频的基础框架并明确了核心构成要素。其中既包含莫高窟、丹霞地貌等自然人文景观，也包含祁连山、月牙泉等地理标志性元素，还涵盖牛肉面等特色饮食文化，同时规划了兰州等文化历史名城的视觉呈现方案。

然而，只确定这些元素是远远不够的。一个剧本需要详细列举出每一个画面、每一秒镜头，甚至每一个细节，这样才有助于最终制作出一条高质量的视频。

图 1.2 所示为用豆包生成的一个简单的剧本。

镜号	景别	时长	画面	台词	节奏	音乐及音效
1	全景	5s	晨曦中，丝绸之路于沙漠戈壁间蜿蜒，商队隐现，嘉峪关城楼雄伟矗立，旗帜飘扬。	"在华夏西北，甘肃宛如明珠，闪耀丝路，承载千年底蕴。"	缓慢庄重	古风音乐、风声、驼铃声
2	中景	4s	聚焦嘉峪关城楼，AI呈现古代士兵巡逻场景，阳光洒于城砖。	"嘉峪关，长城西起点，见证烽火硝烟与商贸繁华。"	适中	古风音乐、脚步声、兵器碰撞声
3	近景	3s	莫高窟洞窟入口，壁画若隐若现，飞天仙女AI特效舞动。	"莫高窟，艺术宝库，壁画佛像沉淀历史智慧。"	精缓	梵音、壁画绘制声
4	特写	5s	壁画特写后虚化至现代游客欣赏画面。	"借科技重现光彩，莫高窟魅力永恒。"	先慢后快	梵音、游客赞叹声、快门声
5	中景	4s	麦积山石窟云雾缭绕，AI展示佛像慈悲，阳光洒金芒。	"麦积山，雕塑泥塑，佛国净土藏于山水。"	适中	古典音乐、鸟鸣声、风声
6	全景	5s	黄河壶口瀑布奔腾，水花四溅彩虹现，游客惊叹，AI增强水流效果。	"黄河壶口，母亲河杰作，震撼人心。"	激昂	黄河交响曲、瀑布轰鸣声
7	近景	3s	裕固族姑娘舞哈达，AI突出服饰细节。	"甘肃多民族聚居，文化交融绽光彩。"	舒缓	民族音乐、笑声、风声
8	中景	4s	东乡族婚礼载舞，AI虚拟人物融入，美食满桌。	"东乡婚礼，民俗盛宴，尽显风情。"	欢快	欢快民族音乐、歌舞声
9	特写	3s	兰州牛肉面热气腾腾，AI突出色泽细节。	"兰州牛肉面，甘肃美食名片。"	较慢	烹饪音效、吸面声
10	全景	5s	兰州黄河两岸灯火璀璨，铁桥横跨，车水马龙，AI增强灯光活力。	"现代甘肃，传承历史，焕发活力。"	适中	都市音乐、车辆声、水流声
11	远景	6s	甘肃地图景点亮点闪烁，现监字幕、二维码与口号。	"甘肃待您探索，开启难忘之旅。"	缓慢	音乐渐弱、提示音

图 1.2　用豆包生成的一个简单的剧本

由图 1.2 可见，豆包生成了非常详细的分镜剧本，并且提供了后期剪辑的音效，这对于没有剪辑功底的用户非常友好。

步骤3 生成图片。完成分镜剧本构建后，进入视觉呈现环节。

这里选用的 AI 绘画工具为 Midjourney。作为一款成熟的 AI 文生图软件，在精细度把控与语义理解层面表现尤为突出。

在具体操作层面上，Midjourney 在保持专业级输出品质的同时，将交互流程简化为基础指令输入。这种方式使其成为 AI 绘画领域的理想入门选择，尤其适合新手建立创作认知框架。

下面跟着笔者进入 Midjourney 的创作世界。

1. 注册与登录

（1）访问 Midjourney 官方网站，进入 Midjourney 登录界面，如图 1.3 所示。

（2）单击 Sign Up 按钮进入注册流程。在注册页面，填写有效的电子邮箱地址，并设置一个安全且易于记忆的密码。完成信息填写后，单击 Submit 按钮提交注册申请。

（3）登录注册邮箱，单击 Midjourney 发送的验证链接，完成邮箱验证步骤。

（4）验证成功后，即可使用注册的账号登录到 Midjourney 平台。

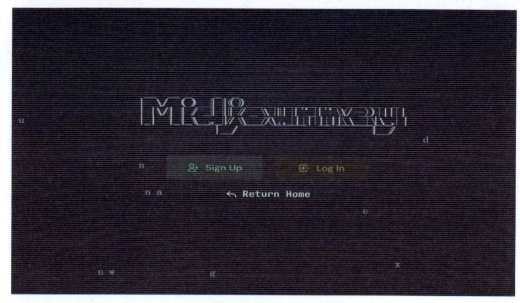

图 1.3　Midjourney 登录界面

2. 基础操作界面介绍

登录成功后，进入 Midjourney 操作界面，界面简洁直观，如图 1.4 所示。

图 1.4　Midjourney 操作界面

顶部菜单栏中包括 Home（首页）、Create（创作）、Gallery（图库）、Settings（设置）等主要选项。

单击 Create 选项进入创作界面，创作界面是生成图像的核心区域。

左侧为输入框，用于输入图像描述提示词，下方有参数设置区域，可调整画面比例（常见的有 1:1、16:9 等）、生成图像数量、图像质量等级等参数。

右侧为图像展示区，生成的图像会在此处实时显示，方便用户查看和对比不同参数设置下的效果。

3. 提示词输入技巧

输入提示词时，应尽量详细且具体地描述所需图像的内容、风格、色彩、场景等要素。例如，要生成一幅中国古代山水画风格的图像。

> **提示词**: Mountain and river landscape in Chinese ancient painting style, with pine trees on the mountainside, flowing water in the river, and a small pavilion beside the river. The color is mainly blue and green, with a sense of tranquility and mystery.（译文：具有中国古代绘画风格的山水景观，山腰上有松树，河里有流水，河边有一座小亭子。颜色主要为蓝色和绿色，带有宁静和神秘的感觉。）

同时，可以参考 Midjourney 官方提供的提示词库和社区中其他用户分享的成功案例，不断学习和积累有效的提示词组合，并调整各种输入参数，以提高生成图像符合预期的概率。Midjourney 参数设置界面如图 1.5 所示。

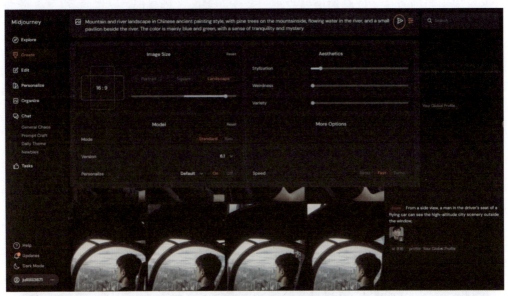

图 1.5　Midjourney 参数设置界面

输入提示词和设置好参数后，单击 Generate（生成）按钮▷（或按 Enter 键），Midjourney 便会根据输入的提示词生成图像，如图 1.6 所示。

图 1.6　Midjourney 生成的图像

在图像的生成过程中，可以观察右侧图像展示区的进度条。生成完成后，如果对图像不满意，可以通过调整参数再次生成。如果觉得画面整体较暗，可以适当提高 Brightness（亮度）参数；如果图像细节不够丰富，可以适当提高 Detail（细节）参数。

同时，还可以尝试改变提示词中的描述，如增加一些特定的形容词或场景元素，进一步优化生成图像的效果，直到获得满意的作品为止。

接下来要做的是让这些图像动起来。这次选择的软件是国产 AI——可灵。这款软件是快手旗下的文生视频大模型，也是目前市面上较为好用的软件，无论是语义的理解，还是动态效果、镜头运动，都比很多国外同类软件的效果好。

成功登录后，可以看到可灵简洁而有序的主界面。图 1.7 所示为可灵的操作界面。

图 1.7　可灵的操作界面

顶部菜单栏中包括"首页""创作中心""作品库""个人设置"等重要选项。

单击"创作中心"选项，进入核心创作界面。界面左侧是主要的操作区域，这里有一个专门的输入框用于输入创作指令。

在输入框下方,设有丰富的参数调整选项,如图像尺寸比例(如标准的 4∶3、宽屏的 16∶9 等)、生成内容的数量及质量级别等,方便用户根据具体需求进行定制。

右侧则是图像展示区,当输入指令并进行生成后,生成的结果会在此处清晰呈现,能够直观地对比不同参数设置下的效果差异,从而快速熟悉和掌握操作技巧。

输入指令时,需要尽可能详细和明确地描述期望的创作内容。例如,用户想要生成一张具有未来感的城市街景图,可以输入:"一座充满科技感的未来城市街道,街道两旁矗立着透明材质且带有炫酷光影效果的高楼大厦,飞行汽车在半空中有序穿梭,街道地面闪烁着五彩的引导线,整体色调以银灰色和蓝色为主,营造出一种超现代的氛围。"

同时,多参考可灵官方提供的示例指令集及用户社区中优秀的创作案例,学习他人的经验和表达方式,不断积累有效的指令组合,提高创作的准确性和满意度。

视频生成后,如果对结果不满意,可以通过调整参数再次尝试。例如,如果图像的清晰度不够,可以适当提高"清晰度"参数;如果色彩表现不符合预期,可以调整"色彩饱和度"或"色调"参数。

此外,还可以进一步细化或修改指令内容,如增加特定的细节描述或场景元素,持续优化创作结果,直到获得符合心中设想的完美作品。

1.2 结构剖析

虽然上述创作流程构建了从概念到成品的完整链路,但仅仅有这些步骤,并不足以撑起一条视频。一条引人入胜且成功的视频,通常需要精心构建结构和丰富多样的元素来支撑。结构方面需要注意以下几点。

(1)开端:这是视频给观众留下第一印象的关键部分。它不仅要迅速吸引观众的注意力,还需要巧妙地设定故事的背景、时间、地点和社会环境等。同时,清晰地介绍主要人物,包括他们的外貌特征、性格特点和初始状态。通过独特的开场方式,如震撼的画面、悬念的设置或引人好奇的问题,引发观众强烈的兴趣,使其迫不及待地想要了解后续的发展。

(2)发展:这一阶段,故事开始逐渐展开。人物会面临各种冲突、挑战或问题,这些情节的推进需要具有逻辑性和连贯性。冲突可以是内部的,如人物内心的挣扎、情感的矛盾;也可以是外部的,如与他人的竞争、环境的阻碍等。随着情节的发展,紧张感和悬念不断累积,观众的好奇心被进一步激发,他们渴望知道人物将如何应对这些困境。

（3）高潮：这是整个视频的关键时刻，也是冲突达到顶点的阶段。在此，人物必须作出至关重要的决策或采取决定性的行动，这些选择将直接影响故事的结局。高潮部分应当充满紧张的情节、激烈和情感的爆发。

（4）结局：作为视频的收尾部分，需要对前面的冲突合理地进行解决，并给出一个清晰明确的结果。结局可以是圆满的、悲剧的或者是开放式的，但无论如何，都应让观众感到满意，对整个故事有一个完整而深刻的理解。

同时，剪辑、文案和配乐同样重要，剪辑带动整个视频的节奏；文案会让视频画面在不够吸引人时调动气氛，同时也能抛出问题，引导观众；配乐则是起到制造气氛升华主题的效果。

下面以《AI甘肃》为例，来拆解这部片子的结构。

第一部分，首先以吸引人的风景画面配合文案抛出一个疑问，让观众感到疑惑。在接下来的几秒内观众就会思考这到底是什么地方，而这几秒只需继续展示风景，眼尖的观众就会看出来是什么地方，不认识的观众也没关系，展示过后文案给出答案：这就是甘肃。

图1.8所示为《AI甘肃》的开头画面。

图1.8 《AI甘肃》的开头画面

需要注意的是，风景这部分使用了一个小技巧，即用Stable Diffusion中的Deforum技术展示了将麻辣烫变成七彩丹霞的过程。图1.9所示为《AI甘肃》的麻辣烫画面；图1.10所示为《AI甘肃》的七彩丹霞画面。这个技术如何使用，将会在后面章节中进行详细介绍。

图1.9 《AI甘肃》的麻辣烫画面

图1.10 《AI甘肃》的七彩丹霞画面

第二部分，不再展示传统的风景，这里设计了一个推门特效，意味着推开古今之门。现在画面过渡到了古代，然后开始介绍古代的文化和历史。图1.11所示为《AI甘肃》的推门画面。

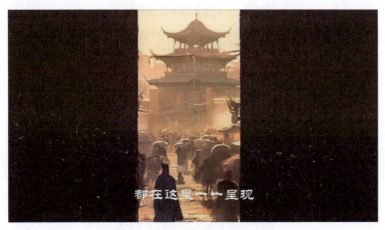

图1.11 《AI甘肃》的推门画面

第三部分，经过一个简单的黑屏转场，从古代的文化历史过渡到现代，介绍现代的美食及风土人情。图 1.12 所示为《AI 甘肃》的牛肉面画面。

图 1.12　《AI 甘肃》的牛肉面画面

第四部分，继续使用 Stable Diffusion 的 Deforum 技术插件进行一个张骞到高铁的转场动画。图 1.13 所示为《AI 甘肃》的张骞画面，图 1.14 所示为《AI 甘肃》的高铁画面，意味着甘肃不止有古老的历史和文化，还有现代化产业。同时，表达了甘肃人民对未来的美好期盼，最后的音乐将主题升华。

图 1.13　《AI 甘肃》的张骞画面

图 1.14　《AI 甘肃》的高铁画面

这条视频的整体结构紧凑，笔者运用了从过去到现在再到未来的时间顺序，将甘肃的风貌生动地展现出来，使其富有内涵和观赏性。

当然，甘肃的特色远不止于此，而视频中所呈现的内容也远超这一点。只是这条融合了 AI 技术的短视频恰好符合当下短视频传播的趋势和需求。

在日常视频制作过程中，制作者需要明确视频结构，这样在视频制作上可以达到事半功倍的效果。

1.3　AI 工具说明

《AI 甘肃》这条视频中使用了 4 种工具，分别是 Midjourney、可灵、Stable Diffusion 和剪映。

在制作视频时，选择一个合适的 AI 工具是一件重要的事，因为每个工具都有优缺点，不同工具能够制作出不同的效果。

这里推荐笔者常用的工具，如果写短视频剧本，大模型可以选择国产的 DeepSeek、豆包等。

在生图过程中，建议除了特定元素外，都可以用 Midjourney，如果需要指定元素，则用 Stable Diffusion；如果需要在图片中展现汉字，可以使用即梦。

在文生视频领域，知名的有 Pixverse、Runway、Pika、SVD 等，如果想要控制人物动作及表情，首选可灵、海螺、Sora；如果想要场景的转换镜头移动，可以选择 Runway、Luma；如果想制作不一样的场景，如化身电影《毒液》中的主人公形象，可以选择 Pixverse。

在剪辑软件方面，剪映和 Adobe Premiere（简称 PR）可以满足大多数人的需求。

总而言之，不同的 AI 工具在各自的领域和应用场景中发挥着独特的作用，用户可以根据自己的需求和使用目的选择最适合自己的 AI 工具。

2

AI导演必备的AI工具

第 1 章通过案例说明了 AI 创作的工作流程及生成逻辑。然而，如果要进行个性化创作，则需要构建差异化的技术路径与工具矩阵。本章将秉持"方法论传授优于案例复刻"的原则，系统阐释如何基于具体需求选择对应的 AI 工具。

从创作流程出发，核心工具可以划分为三大技术类别：大模型类工具、文生图类工具和图生视频类工具。下面分别解析其技术特性与应用场景。

2.1 大模型类工具

在当今 AI 的时代浪潮中，AI 大模型如雨后春笋般涌现，ChatGPT、DeepSeek、豆包、Kimi、谷歌 Gemini 等在不同的领域和场景中崭露头角，成为人们获取信息、解决问题及激发创意的得力助手。

但是，面对如此之多的大模型，如何从中挑选出最契合自身需求的那一款，这不仅需要用户深入了解各个大模型的独特优势与局限性，更要紧密结合实际的应用场景、任务目标及个人偏好等多方面因素进行综合考量。

正如用户所熟知，目前市面上较火热的 AI 工具是 ChatGPT 和 DeepSeek 这两款。无论是新闻报道还是社交媒体平台，都在广泛宣传这两款 AI 工具，一定要选择这两款吗？

答案是并不一定，各家的大模型百花齐放，各有优缺点，找到能够帮助出片并且最适合的那一款才最重要。

2.1.1　ChatGPT

通过谷歌搜索 ChatGPT 直接进入网站，也可以在谷歌浏览器中输入相应网址（见网址 1）进入网页。图 2.1 所示为在谷歌中搜索 ChatGPT 界面。

图 2.1　在谷歌中搜索 ChatGPT 界面

注意：本书中所有提及的国外软件或网页，都需要链接外网，在本书中不做教学，需要用户自行解决。

　　进入网页后，弹出首页登录界面，有注册选项，在这里也可以选择使用谷歌账号登录。图 2.2 所示为 ChatGPT 登录界面；图 2.3 所示为 ChatGPT 操作界面。

图 2.2　ChatGPT 登录界面　　　　图 2.3　ChatGPT 操作界面

　　登录后即可开始使用，在左上方选择模型。

　　以下是 ChatGPT 的优点：自然语言处理能力强，能够生成连贯且逻辑清晰的文本；知识覆盖面广，涵盖多个领域，能回答各类问题；支持多语言，可以与不同语言的用户交流；具有高效性，能快速生成文本；语言生成能力强，生成的文本自然流畅。

　　以下是 ChatGPT 的缺点：提供的答案偶尔不准确或不完整，尤其在复杂领域；缺乏实时信息，知识截至训练数据的时间点；缺乏真正的逻辑推理与常识判断，易出现纰漏；可能存在偏见，回答有时会包含某些偏见。

　　以下是 ChatGPT 的擅长领域：自然语言生成，如文章撰写、故事续写等；问题解答与知识查询，能提供多领域的知识支持；代码编写与调试，可以帮助编写代码并提供建议。

　　总结：ChatGPT 是当前广受认可的强大的大语言模型之一，容易接入外部插件，也是第一批大语言模型，但对于中文的理解不如国内的模型，对于普通人而言，用不到那么强大的功能，且受外部条件所制约，如网络、付费等。

2.1.2　DeepSeek

　　DeepSeek 作为近期现象级崛起的国产大模型，在中文语义理解领域实现了技术突破，其深度语义交互模式不仅展现出超越传统模型的文本生成能力，更为创作者提供了逻辑推理训练范式，有效提升了创作的专业性与系统性。

直接输入 DeepSeek 的官方网址（见网址 2），打开 DeepSeek 主界面，如图 2.4 所示。

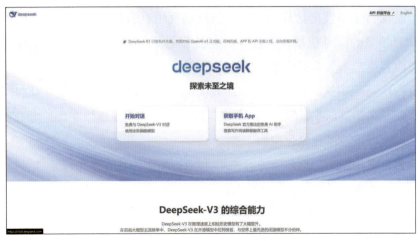

图 2.4　DeepSeek 主界面

以下是 DeepSeek 的优点：知识覆盖面广泛，能提供多学科、多领域的信息和知识解答；中文语言处理能力强，能准确理解中文语义、语法和文化背景，生成的文本符合中文表达习惯；个性化学习，可以根据学生特点提供个性化学习建议和资源；智能辅导，能模拟真实教师互动式教学，提供即时反馈和解答；自动作文评分，可以评判作文内容的相关性、逻辑性，识别语法错误并提出改进建议；使用方便快捷，操作简单，能迅速获得答案；强大的推理与文字处理能力，能够准确解答复杂的数学问题，展示完整的思考过程，还能模仿著名作家风格写作，自主构建合理文章框架，提升写作辅助和文章优化水平；有网页版、App 版，还支持 API 和本地部署，满足不同用户在不同场景下的使用需求。相比其他国际顶级 AI 模型，虽然设计成本较低，但是性能出色。

以下是 DeepSeek 的缺点：深度思考等功能可能出现卡顿、报错，联网搜索功能也可能失效，容易受服务器问题或网络攻击等因素影响。

以下是 DeepSeek 的擅长领域：高效的数据处理、智能决策支持和情感交互等功能，显著提升用户在工作、学习和生活中的效率与体验。其核心优势在于中文逻辑推理能力、多场景应用适配性以及零门槛操作体验，覆盖教育、医疗、金融、内容创作等多个领域。

总结：DeepSeek 凭借算法创新与行业数据深耕，在垂直领域展现出超越通用大模型的专业性，尤其在金融、医疗等数据密集型场景具备替代人工分析的潜力。然而，其跨领域泛化能力与生态整合仍有提升空间。对于追求高效能、高精度行业解决方案的机构，DeepSeek 是值得优先考虑的技术伙伴；但在创意写作、复杂决策等高阶任务中，仍需结合人类专家判断。

2.1.3 豆包

字节跳动自主研发的大模型在中文领域展现出显著技术优势。依托其算法团队在机器学习领域的深厚积累，结合抖音生态系统所构建的海量专属数据库，该模型在短视频内容生产场景中形成了独特的竞争壁垒。

通过深度适配短视频传播特性的参数优化，其用户友好的交互设计与轻量化操作界面，使复杂的 AI 创作流程得以简化至基础指令输入层级，在保持专业级输出质量的同时，实现了技术普惠化应用。

直接在百度中搜索"豆包"即可使用，图 2.5 所示为在百度中搜索"豆包"截图。或者输入相应网址（见网址 3）也可以查找到豆包。

图 2.5　在百度中搜索"豆包"截图

以下是豆包的优点：中文定制化比较好，语言表达更符合中文语境，能更好地理解和生成中文文本；对接国内生态，支持对接如钉钉、飞书等工具，在国内办公场景中表现优异；语音识别与交互性强，语音输入精准，适合"动口不动手"的用户；具备强大的 AI 检索能力，能在多领域知识检索方面提供精准结果。多轮对话与上下文连贯性较好，能维持对话的连贯性。支持大规模文本输入，无须复杂分段操作；图片生成功能能强，能依据文字描述生成相应图片。

以下是豆包的缺点：知识局限性较强，处理非中文或国外相关问题时可能表现不足；语义理解有时不够精准，可能产生语义偏差；交互偶尔出现不流畅或卡顿的情况；创造性任务的表现稍弱，适合短任务而非复杂深度对话。

以下是豆包的擅长领域：日常办公任务，如生成报表、整理会议纪要、快速搜索资料等；生活助手场景，如设定提醒、查天气、查询路线等；学术搜索，能快速找出相关论文，并提供核心解释。

总结：用户好评率较高的大模型，中文语义理解能力强，生成剧本能力强，适合用于产出符合短视频平台的剧本创意，更新迅速，基本能满足大部分人日常工作所需。

2.1.4 Kimi

由北京月之暗面科技有限公司研发的这款国产大模型一经推出，便凭借其卓越的超长文本理解能力迅速引发全网关注，尤其在处理数据与文献的领域中表现卓越。

直接在百度中搜索 Kimi 即可使用，图 2.6 所示为在百度中搜索 Kimi 截图。或者输入相应网址（见网址 4）也可以查找到 Kimi。

图 2.6　在百度中搜索 Kimi 截图

以下是 Kimi 的优点：长文本处理能力强大，可一次性处理高达 200 万字的文本信息；多语言能力较强，尤其在中文处理方面表现出色；擅长深度文本理解与处理，能精准提炼关键信息并剖析逻辑关系；支持多种文件格式处理，并且具备较高的处理能力；高效阅读，可快速摘要长篇文本，提供深刻的洞察与分析；专业解读文件能力强，能处理超长文档和多个文件，快速摘要、翻译、答疑；辅助创作能力优秀，能依据用户提供的网页链接、文件等协助创作；交互过程中响应及时，能依据用户追问持续深入探讨话题；情感分析功能较好，能更好地理解用户情感和需求；个性化互动能力强，能根据用户交流风格和偏好调整回答方式。

以下是 Kimi 的缺点：响应时间较长，处理复杂任务时可能需要较长时间；文档处理能力有限，处理大量或大文件时可能出现崩溃情况；不支持对多次生成结果的查看，新回答会覆盖之前的结果。图片识别和文档解析能力在某些情况下有限，如对图形复杂或无文字的图片、扫描版本的 PDF 文件；联网功能有限，搜索结果可能主要来自某些固定网站，实时联网效果和能力有待提升；用户自定义限制较多，难以完全满足特定用户需求；复杂查询处理能力有限，在理解复杂或模糊查询方面可能存在局限；算力供应不足，有时会因算力问题而宕机。

以下是 Kimi 的擅长领域：处理学术论文、专业报告等长篇内容；适合需要深度文本理解和处理的用户，如自媒体人、广告策划等；为科研人员、大学生等提供专业的知识解答和辅助。

总结：对于撰写小说与从事学术研究的人员而言，Kimi 比较适合。它具备超高的文本理解能力，即便输入 10 本书，也能依据各书的风格重新创作出 1 本新书。

2.2 文生图类工具

制作 AI 视频，如何生图是至关重要的，图片的生成就相当于一部电影的分镜头。文生图可以理解为导演在设计分镜，每一个分镜连接在一起就构成了一部影片。

面对市面上五花八门的文生图工具，如何挑选适合自己的工具？本节将分析最为常用的四款工具，来帮助读者解决这个问题。

2.2.1 Midjourney

Midjourney 是老牌文生图工具，与 ChatGPT 一样，是独一无二的存在，也是 AI 视频制作者最常用的工具。

在谷歌中搜索 Midjourney，图 2.7 所示为在谷歌中搜索 Midjourney 截图。或者进入 Discord 平台也可以使用。

图 2.7　在谷歌中搜索 Midjourney 截图

以下是 Midjourney 的优点。

（1）操作便捷，易上手：界面简洁直观，用户只需在 Discord 平台上向机器人发送文字描述指令，无须复杂的设置和专业知识，即可快速生成图像。

（2）绘画风格丰富多样：涵盖了几乎所有常见的绘画风格，满足了各种用户在不同场景下的多样化创作需求。

（3）社区资源丰富活跃：拥有庞大的用户社区，用户可以在社区中分享自己的作品、交流创作经验、获取创作灵感，还能参考其他用户的优质提示词来生成自己想要的画作，有利于促进用户之间的互动和学习。

（4）多平台支持良好：支持 Windows、macOS、Linux 等多种主流操作系统，用户可以在不同的设备上使用，方便随时随地进行创作。

以下是 Midjourney 的缺点。

（1）对文本描述要求高：需要用户提供准确、详细、具体的文字描述，如果描述不够清晰或缺乏关键细节，生成的图像可能与预期存在较大差异，需要用户不断调整和优化描述内容。

（2）付费模式限制使用：虽然提供了免费试用的机会，但高级功能和更多的使用次数需要付费订阅才能解锁，对于一些非专业用户或预算有限的用户来说，可能会受到一定的限制。

（3）生成结果可控性弱：用户对生成图像的细节和元素的控制能力相对有限，很难精确地控制每一个元素的位置、形状、大小等，有时可能需要多次尝试和调整才能得到满意的结果。

总结：Midjourney 如同街头小馆的厨师，虽然能制作各类菜肴以满足日常需求，但在精致美食的制作上则稍显不足。在 AI 视频制作中，大部分图片取材于 Midjourney，然而，对于少部分需要精细调整的图片，则需要借助其他软件来完成。

2.2.2　Stable Diffusion

Stable Diffusion（后文简称 SD）是最先推出扩散（Diffusion）模型的免费、开源软件，通过各种的拓展和优化，使其具备更多优秀的功能，且成为 AI 领域内每个人想要进步都必须学会的工具。它就像一座大山，入手极其困难，但翻越过去之后就是"会当凌绝顶，一览众山小"。

国内有哩布哩布 AI 在线平台（见网址 5）可供体验，而完整的需要在本地部署，具体的部署方法会在第 6 章中详细教学。图 2.8 所示为在百度中搜索哩布哩布 AI 截图。

图2.8　在百度中搜索哩布哩布 AI 截图

以下是 SD 的优点。

（1）开源、免费、成本低：开源的特性使用户可以免费使用、修改和分发该模型，无须支付任何费用，大大降低了使用成本，对于个人用户、小型工作室和研究机构来说非常友好，节省了大量的软件费用。

（2）可拓展性强、功能多：支持大量由社区开发者创建的插件、模型和剧本，用户可以根据自己的需求选择和安装各种扩展，如实现更精准的局部调整、风格转换、图像修复、超分辨率重建等功能，极大地丰富了图像的调控和创作能力。

（3）可快速出图：若在本地部署，出图速度主要取决于本地硬件性能，避免了服务器排队和网络延迟的问题，能够快速生成图像，提高创作效率，尤其适合需要快速出图的场景和对出图速度有较高要求的用户。

（4）数据安全有保障：所有的绘图过程都在本地完成，用户的数据不会上传到服务器，有效保护了用户数据的隐私和安全，避免了数据泄露的风险，让用户可以放心使用。

以下是 SD 的缺点。

（1）硬件配置要求高：需要较高性能的显卡和足够的显存来运行，对计算机的硬件配置有一定要求，普通计算机可能无法流畅运行或无法达到较好的生成效果。

（2）部署使用难度大：相比于一些商业软件，其部署和使用相对复杂，需要用户具备一定的技术基础，如安装和配置相关的环境、模型、插件等。对于新手用户来说，可能需要花费一定的时间和精力去学习与掌握。

（3）容易出现报错问题：由于本地部署和多插件的特性，在运行过程中可能会出现各种错误，如模型不兼容、插件冲突、内存不足等，需要用户具备一定的解决问题能力，否则可能会影响正常的使用。

总结：SD 恰似一位提供私人定制服务的高级厨师，精通各种菜系，并具备较强的延展能力。然而，使用 SD 需要投入大量的时间和精力。当需要专门处理或生成特定图像时，便是使用 SD 的最佳时机。

2.2.3 即梦 AI

即梦 AI 也是字节旗下的剪映推出的文生图模型,也可以文生视频,简单方便易上手。在百度中搜索"即梦 AI"或输入相应网址（见网址 6）可以查找到即梦 AI。图 2.9 所示为即梦 AI 主界面。

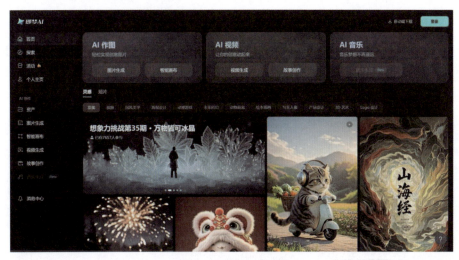

图 2.9　即梦 AI 主界面

以下是即梦 AI 的优点。

（1）操作简单易上手：操作流程清晰，用户只需简单地输入文字描述或选择预设的主题和风格，即可快速生成图像，无须复杂的操作和专业知识，非常适合新手用户和对操作便捷性有较高要求的用户。

（2）生成速度快、效率高：在生成速度方面表现出色，能够在较短的时间内生成图像，让用户可以快速看到生成结果并进行调整和修改。

（3）风格模板丰富：提供了多种预设的风格和模板供用户选择,涵盖了摄影写真、插画、卡通、动漫等多种风格，用户可以根据自己的喜好和需求快速生成具有特定风格的图像，还能一次性提供 4 张图像，方便用户从中挑选满意的作品。

（4）智能画布功能强：其智能画布功能是一个交互式的画布，支持扩图、局部重绘、消除笔、高清放大等功能，方便用户对生成的图像进行进一步的编辑和优化，提高了创作的灵活性和便捷性。

以下是即梦 AI 的缺点。

（1）图像质量不稳定：生成的图像质量有时可能不太稳定，对于一些复杂的描述或特定的主题，可能无法生成高质量、完全符合预期的图像，在细节、色彩、构图等方面可能存在一定的瑕疵或不准确的情况。

（2）功能丰富度有限：相较于一些功能强大的综合性文生图工具，其功能相对较少，缺乏一些高级的图像调控和编辑功能，如风格转换、图像修复、超分辨率重建等，在一定程度上限制了用户的创作空间和创作能力。

总结：中文语义理解能力强，并且能实现在图像中出现中文，生成速度快，是最快的工具，需要在图像中出现中文字样时可以使用。

2.2.4　可灵 AI

可灵 AI 是快手推出的模型。在百度中搜索"可灵 AI"或输入相应网址（见网址 7）可以查找到可灵 AI。图 2.10 所示为在百度中搜索"可灵 AI"截图。

图 2.10　在百度中搜索"可灵 AI"截图

以下是可灵 AI 的优点。

（1）具有智能联想能力：能够根据用户输入的文本进行联想和拓展，生成一些具有创意和惊喜的图像，为用户提供新的创作灵感，尤其适合在创意构思和头脑风暴阶段使用。

（2）个性化定制图像：允许用户对生成的图像进行一定程度的个性化定制，如调整颜色、对比度、饱和度、构图、元素等，以满足用户的特定需求和审美要求。

以下是可灵 AI 的缺点。

（1）整体图像质量有限：相对一些主流工具，整体图像质量可能稍逊一筹，在细节、清晰度、真实感等方面可能存在一定的提升空间，对于一些对图像质量有较高要求的专业应用场景，如商业广告、影视特效等，可能无法满足需求。

（2）在某些特定领域或专业场景下，可能无法生成满足专业需求的高质量图像，相较于一些功能强大的综合性文生图工具，其功能可能相对较少，缺乏一些高级的图像调控和编辑功能，如局部调整、图像修复、超分辨率重建等，在一定程度上限制了用户的创作能力和创作效率。

（3）对复杂描述理解差：在处理复杂的文本描述时，有时可能会出现理解不准确或生成结果与预期不符的情况，对语义的精准把握能力有待进一步提高。

总结：生成的图像更加逼真，更接近真实感，用户主要使用它的图生视频功能。

2.3 图生视频类工具

在 AI 视频制作领域，如果说文生图考验的是创作者构思分镜的能力，那么图生视频则更注重对演员表演及特效技术的把控。

选择一款合适的图生视频工具，无疑是打造高质量 AI 视频的关键环节。

下面将介绍几款目前行业内主流、受创作者青睐的图生视频类工具，帮助读者挑选出适合自己的那款利器。

2.3.1 Sora

Sora 是 OpenAI 推出的一款备受瞩目的视频大模型。在视频大模型只能进行简单的运镜或动作制作时，Sora 一经发布，其效果令人们为之惊叹，堪称当时的开创性工具，尽管现在这些效果已不再新奇。

在谷歌中搜索 Sora 或输入相应网址（见网址 8）即可进入 Sora 平台。图 2.11 所示为在谷歌中搜索 Sora 截图。

图 2.11　在谷歌中搜索 Sora 截图

以下是 Sora 的优点。

（1）强大的语言理解能力：借助 Dall·E 模型的 re-captioning 技术和 GPT 技术，能够将简短的用户提示转换为更长的详细转译，精确地按照用户提示生成高质量视频，准确理解长达 135 个单词的长提示。

（2）输入多样性与功能丰富：除了文本输入外，还能接收图像或视频作为输入提示，可执行广泛的图像和视频编辑任务，如创建完美的循环视频、将静态图像转换为动画、向前或向后扩展视频等。

（3）场景和物体的一致性和连续性好：可以生成带有动态视角变化的视频，人物和场景元素在三维空间中的移动自然，能够很好地处理遮挡问题，确保画面主体即使暂时离开视野也能保持不变。

以下是 Sora 的缺点。

（1）对数字不敏感：如在生成"五匹灰狼幼崽在一条偏僻的碎石路上互相嬉戏、追逐"的视频时，狼的数量会莫名改变，几匹狼可能会凭空出现或消失。

（2）存在细节瑕疵：尽管整体效果出色，但有时仍可能出现一些细节上的小问题，如在某些复杂场景中，部分物体的纹理或动作可能不够自然。

（3）制作时间长：需要等待很长时间且费用较高。

总结：Sora 虽令众人久候，但其实际效果却未达预期。诸多国产软件在画面效果上已经可以与之比肩，甚至实现超越，且成本更为低廉。但 Sora 在视频改写、循环视频扩展等方面的功能仍具有一定的应用潜力。随着技术的不断进步与迭代优化，这些功能未来将有望发挥更大的作用。

2.3.2　可灵 AI

快手闷声做大事，自研可灵 AI 大模型，在 Sora 没开放之前短暂地登上了图生视频"第一王位"，实现了很多不可思议的效果。随着版本迭代，可灵 AI 目前依旧稳定发挥，其超高性价比也是每个 AI 视频制作者必备的选择。

以下是可灵 AI 的优点。

（1）对中文关键词的理解和把握相对更准确：在中文语境下的创作更贴合国内用户的需求。例如，根据"一个美女在吃苹果"的中文关键词生成的视频，能精准地实现动态、时效、场景等要素。

（2）支持图生视频功能：推出文生视频功能后，又正式推出图生视频功能，支持用任意静态图像生成 5 秒或 10 秒视频，并且可以搭配不同的文本内容，还为已生成的视频提供一键续写和连续多次续写功能，将视频最长延伸约 3 分钟。

（3）画面物理特性表现良好：基本没有偏离提示文字，镜头的平移、树叶颤动，以及马和宇航员的转动等视频画面的物理特性表现不错，在部分动态细节上也比较精准。

以下是可灵 AI 的缺点。

（1）细节优化不足，生成的视频在细节方面仍有提升空间，如人物嘴部动作及左手大拇指等细节有时还可以进一步优化。

（2）在复杂场景下可能会出现部分元素无法完全呈现的情况，尤其在处理一些高难度、复杂场景时可能稍显吃力。

总结：可灵 AI 性价比极高，同时动态效果非常不错，在不损失画质的前提下能展现很多人物的肢体动作，且不容易变形抽搐，但生成较为缓慢。在需要生成人物动作时，可灵 AI 是制作者的不二之选。

2.3.3　海螺 AI

海螺 AI 是突然冒出的黑马，真正用过之后才发现它是低调做事的"大佬"。

在百度中搜索"海螺 AI"或输入相应网址（见网址 9）即可使用。图 2.12 所示为在百度中搜索"海螺 AI"截图。

图 2.12　在百度中搜索"海螺 AI"截图

以下是海螺 AI 的优点。

（1）高品质视频输出：生成的视频质量较高，具有稳定运行以及人物细节展现上的惊人表现力。

（2）适合创意快速生成：能够在短时间内生成符合用户创意需求的视频。

以下是海螺 AI 的缺点。

（1）视频时长受限：目前生成的视频最长可达 6 秒，未来或可支持 10 秒，但与 Sora 等能够生成 60 秒视频的工具相比，在时长上存在较大差距，对于一些需要较长视频的场景难以满足需求。

（2）功能相对单一：相较于一些功能丰富的文生图工具，海螺 AI 目前的功能可能相对较为单一，主要集中在文生视频方面，在图像生成、编辑等其他功能上可能相对薄弱。

（3）模型稳定性有待加强：在高并发或复杂场景下，可能会出现一定的稳定性问题，如生成速度变慢、视频质量下降等。

总结：海螺 AI 也是性价比之王，同时对中文语义理解能力很强，在需要生成人物面部表情时，实测没有哪个工具能强于海螺 AI。因此，在展现人物情绪时可以首选海螺 AI。

2.3.4　Runway

作为老牌图生视频工具，Runway 曾是该领域的领军者，但因更新缓慢逐渐被新兴工具超越。然而，通过引入镜头运动功能，它成功开辟了新的发展方向。

在谷歌中搜索 Runway 或输入相应网址（见网址 10）即可使用。图 2.13 所示为在谷歌中搜索 Runway 截图。

图 2.13　在谷歌中搜索 Runway 截图

以下是 Runway 的优点。

（1）技术成熟度高：是一款较为成熟的图生视频工具，经过多次迭代更新，在文生视频和图生视频方面都有不错的表现，其 Gen-3 Alpha 版本在画面整体动感上较强。

（2）创意激发能力强：提供了丰富的参数和选项，用户可以通过调整这些参数来实现不同的创意效果。多平台兼容性好，生成的视频和图像在多种设备和平台上的兼容性较好，能够适应不同的分辨率和播放环境，确保作品在各个终端上都能呈现出较好的效果。

以下是 Runway 的缺点。

（1）学习成本较高：由于功能丰富、参数众多，对于新手用户来说，可能需要花费一定的时间和精力来学习和掌握如何使用，上手难度相对较大。

（2）付费门槛较高：部分高级功能和高质量输出可能需要付费解锁，对于一些个人用户和小型团队来说，可能会增加使用成本。

总结：在更新镜头运动功能后，Runway 主要聚焦于为镜头运动场景提供支持。当用户有电影感运镜的需求时，Runway 是一个不错的选择，其运动笔刷功能也备受好评。然而，其较高的费用需要用户自行权衡。

第 3 章

文生图的底层逻辑

用户在使用 AI 工具制作图像时，常常会遇到难以生成期望图像的情况，总觉得视角或姿势不对，仿佛 AI 无法理解自己的指令。

然而，这实际上并非 AI 的缺陷，而是用户尚未掌握与 AI 交流的技巧。正如程序员无法用日常语言与计算机沟通，这才有了代码。

本章将指导读者如何有效与 AI 进行沟通，掌握文生图的底层逻辑，提高生图的产量和质量。

3.1 Transformer 架构

AI 绘制图像的实现依赖于一系列复杂的技术和算法，其核心原理涉及以下几个关键步骤。

（1）数据的收集与预处理。收集大量图像和相关描述文本，这些数据构成了模型学习的基础。通过预处理，对图像进行特征提取和标注，对文本进行分词、词向量转换等操作，以便模型能够正确理解和处理。

（2）模型架构的构建。通常采用深度学习中的神经网络架构，如卷积神经网络（convolutional neural network，CNN）用于图像特征提取，循环神经网络（recurrent neural network，RNN）或 Transformer 架构用于处理文本信息。

（3）模型的训练。模型学习图像和文本之间的对应关系，通过不断调整网络中的参数，以最小化预测结果与真实数据之间的误差。在训练过程中，模型逐渐学会理解文本描述中的语义、语境和细节，并能够将其与图像的特征进行关联。文本输入一旦被接收，模型即刻执行分析与理解任务，从中提取出关键信息和语义特征。接着，依据所学知识和模式，模型构建出相应的图像特征表示。

（4）图像生成。模型利用已生成的图像特征表示，借助图像生成算法，逐步塑造出完整的图像。此过程可能包括像素的创造、颜色的施加及细节的完善，旨在创造出既真实又贴合文本描述的图像。

综合来看，AI 文生图技术是计算机视觉与自然语言处理的结合体，通过大量数据的训练和复杂模型的计算，实现了从文字到图像的自动转换。

下面笔者用更简单的方式进行说明。

想象一下，AI 文生图就像一位极具才华且勤奋的"画家"。为了让这位"画家"能够根据文字创作出美丽的图像，我们需要为它准备大量的"自学教材"。例如，成千上万张描绘美丽风景的图像，每张图像都配有详细的文字说明，如"一片金黄色的麦田，在微风中轻轻摇曳，天空湛蓝，飘着几朵洁白的云彩"。

这位"画家"会非常认真地研究这些"自学教材"。它会努力理解文字描述中的各种元素，如麦田的形态、金黄色的色彩、微风中的动态、湛蓝天空的色调及洁白云彩的形状。同时，它也会仔细观察图像中这些元素的表现方式。

当你提供一段新的文字描述，如"一座古老的城堡矗立在翠绿的山丘上，周围环绕着一条波光粼粼的护城河"，它就会像一个正在考试的学生一样，全神贯注地理解这段文字。

首先，它会将这段文字分解为关键的元素和特征，如"古老的城堡""翠绿的山丘""波光粼粼的护城河"。然后，它会回想起之前学习过的类似图像和描述，在它的"脑海"中构建出一个初步的画面框架。

接下来，它会更细致地构思这个画面的细节，如城堡的形状、材质，山丘的起伏和植被，护城河的水流和反光等。

就像真正的画家开始作画一样，它会从画面的某个部分开始，逐步生成图像的像素。例如，先画出城堡的大致轮廓，再填充颜色和纹理，接着描绘出周围的山丘和护城河。

在生成图像的过程中，它还会不断地检查和调整，确保画出来的效果与理解的文字描述相匹配。如果有差异，就会进行修改和完善。

最后，经过一系列复杂的计算和处理，它会为你展示一张符合文字描述的图像。

简而言之，AI绘画是基于大量图像和文字的学习，积累经验后，能够准确把握新的文字描述，并通过深思熟虑的构思与创作绘制出我们所期望的图像。

因此，这一过程要求用户在描述期望的图像时，必须使用一系列具体且明确的词汇。这些词汇需要能够被机器所理解，而非仅限于人类理解的抽象概念。同时，我们还需要从场景、风格、视角、人物、色彩等多个维度来指导AI，以便它更准确地捕捉我们心中的意象。

3.2 提示词

掌握文生图的原理之后，读者可以发现，文生图的关键在于如何编写提示词——文生图的核心即提示词。

接下来，从几个角度出发指导读者如何更有效地编写提示词。

3.2.1 景别（主体呈现范围和细节精细度）

景别的选择决定了画面中主体的呈现范围和细节的精细度。

（1）远景。远景可以展示出壮观的景象，如辽阔的山脉或城市的全貌；而全景则侧重于展示主体及其周边环境的全貌。例如，在生成一幅雪山城市全景图时，可以使用以下提示词，生成的图像如图3.1所示。

提示词: A super realistic panoramic view of a vast mountain range or city, with sunlight shining on the undulating peaks, outlining clear contours, and the mountaintops covered in white snow. At the foot of the mountain is a bustling modern city, with towering buildings, bustling traffic, and brightly lit streets. From a high altitude, the entire picture is brightly colored and layered, with a deep blue sky and a few white cotton-candy-like clouds floating in the air. (译文：一幅超逼真的广阔山脉或城市全景图，阳光洒在连绵起伏的山峰上，勾勒出清晰的轮廓，山顶覆盖着皑皑白雪。山脚下是一座繁华的现代化城市，高楼大厦林立，车水马龙，街道上灯火辉煌。从高空俯瞰，整个画面色彩鲜艳且层次分明，天空呈现出深邃的湛蓝，飘着几朵洁白如棉花糖的云彩。)

图 3.1　AI 生成的雪山城市全景图

（2）中景。

例如，在生成一幅中景的图像时，可以使用以下提示词，生成的图像如图 3.2 所示。

提示词: In a cozy cafe, soft lighting falls. In the middle scene, a man and a woman sit opposite each other, with relaxed and cheerful expressions. The man was dressed in a simple blue shirt, with a smile on his face and a look of concern in his eyes, attentively listening to the woman's words. The woman was dressed in an elegant floral dress, with her hands elegantly placed on the table. Her soft long hair was draped over her shoulders, and her face was filled with a happy smile. She was enthusiastically recounting her experiences. There are two steaming cups of coffee on the table, and the surrounding environment appears quiet and comfortable. (译文：在一个温馨的咖啡馆里，柔和的灯光洒下。中景画面中，一男一女相对而坐，表情轻松愉悦。男人身着简约的蓝色衬衫，面带微笑，眼神中充满关切，正认真倾听着女人的话语。女人身着优雅的碎花连衣裙，双手优雅地放在桌上，一头柔顺的长发披肩，脸上洋溢着幸福的笑容，正兴致勃勃地讲述着自己的经历。桌上放着两杯冒着热气的咖啡，周围的环境显得安静而舒适。)

AI
手把手教你做AI大片

图3.2　中景用于表现人物的交流

（3）近景。近景主要用于突出主体的局部特征。例如，在生成一幅近景的人物图像时，可以使用以下提示词，生成的图像如图 3.3 所示。

提示词：In a sunny garden, a youthful girl stands beside the flowers. In the close-up shot, the girl is wearing a white dress with the hem swaying in the wind. She gently folds her hands in front of her, with a sweet smile on her face and clear, bright eyes full of love and longing for life. Her hair is gently blown by a gentle breeze, and the sunlight shines on her hair, shimmering with golden light. The surrounding flowers are colorful and complement each other, creating a beautiful scene with the girl. （译文：在一个阳光明媚的花园中，一位青春洋溢的女孩站在花丛旁。近景画面里，女孩身着白色连衣裙，裙角随风飘动。她双手轻轻交叠放在身前，脸上带着甜美的笑容，眼神清澈明亮，充满了对生活的热爱和憧憬。她的头发被微风轻轻吹起几缕，阳光洒在她的头发上，闪烁着金色的光芒。周围的花朵五彩斑斓，与女孩相互映衬，构成一幅美丽的画面。）

图3.3　AI 生成的近景人物图

（4）特写。特写聚焦于细微的部分，如人物的面部表情或物品的细节。例如，在生成一幅特写的人物图像时，可以使用以下提示词，生成的图像如图 3.4 所示。

提示词: A handsome male facial close-up shows a healthy wheat color on his skin, a smooth forehead, deep and sharp eyes under thick eyebrows, clear and distinct double eyelids, and thick and slender eyelashes. Under the straight nose bridge, the lips are tightly closed, and the corners of the mouth are slightly raised, revealing a confident smile. The chin line is firm, and the stubble is neatly and cleanly trimmed. Under the soft side light, the contours of his face are outlined more clearly, and every detail appears particularly exquisite, as if it is a carefully crafted work of art. (**译文:** 一位帅气的男性面部特写,他的肌肤呈现出健康的小麦色,额头光洁,浓眉下是一双深邃而锐利的眼睛,双眼皮清晰分明,眼睫毛浓密修长。挺直的鼻梁下,嘴唇紧闭,嘴角微微上扬,透露出一抹自信的微笑。下巴线条硬朗,胡茬修剪得整齐干净。在柔和的侧光下,他脸部的轮廓被勾勒得更加分明,每一个细节都显得格外精致,仿佛一件精心雕琢的艺术品。)

图3.4　AI生成的特写人物图

3.2.2　风格(整体的艺术表现方式)

(1)写实风格。写实风格追求逼真地还原现实。用以下提示词生成的写实风格图像如图3.5所示。

提示词: Real photo, a real Pikachu shuttling through the city, looks very realistic. (**译文:** 真实的照片,一只在城市中穿梭的皮卡丘,看起来非常逼真。)

图3.5　AI生成的写实风格图像

（2）卡通风格。卡通风格具有简化和夸张的特点。用以下提示词生成的卡通风格图像如图3.6所示。

提示词：Anime style, a Pikachu shuttling through the city, looks like a 2D anime from Japan.（译文：动漫风格，一只在城市中穿梭的皮卡丘，看起来像是来自日本的 2D 动漫。）

图 3.6　AI 生成的卡通风格图像

（3）油画风格。油画风格富有质感和笔触效果。用以下提示词生成的油画风格图像如图3.7所示。

提示词：Oil painting style, a Pikachu shuttling through the city, looks like a Van Gogh oil painting.（译文：油画风格，一只在城市中穿梭的皮卡丘，看起来像梵高的油画。）

图 3.7　AI 生成的油画风格图像

（4）水墨画风格。水墨画风格注重意境和线条的运用，不同风格能为图像带来截然不同的视觉感受和情感氛围。用以下提示词生成的水墨画风格图像如图3.8所示。

提示词：Ink painting style, a black and white ink painting style Pikachu shuttles through the city, looking like a painting by Qi Baishi.（译文：水墨画风格，一个黑白水墨画风格的皮卡丘在城市穿梭，看起来像是齐白石的画。）

图 3.8 AI 生成的水墨画风格图像

3.2.3 角度（观察者与被描绘对象的关系）

（1）俯视角度。俯视角度可以展现全貌和布局。用以下提示词生成的俯视角度图像如图 3.9 所示。

提示词： Looking down, in the distant view, in a magnificent palace hall, from above, a queen dresses in a gorgeous golden robe is standing in the center. She wears a dazzling crown on her head, with jewels set in it, shining brightly. The floor of the hall is covered with exquisite patterned carpets, and the courtiers around stand respectfully. The queen stands tall and straight, with her hands crossed in front of her. Her expression is serious and solemn, and she controls the entire situation. （译文：俯视角度，远景，在一座宏伟的宫殿大厅中，从上方俯瞰，一位身着华丽金色长袍的女王正站在中央。她头戴璀璨的皇冠，珠宝镶嵌其中，闪耀着光芒。大厅的地面铺满了精美的花纹地毯，周围的群臣们恭敬地站立着。女王身姿挺拔，双手交叠在身前，她的表情严肃而庄重，掌控着整个场面的局势。）

图 3.9 AI 生成的俯视角度图像

（2）仰视角度。仰视角度能营造出高大、威严的感觉。用以下提示词生成的仰视角度图像如图 3.10 所示。

提示词：Looking up, in the distant view, in front of the towering ancient castle, looking up, a brave knight rides a snow-white warhorse. The knight is dressed in heavy silver armor, shining brightly in the sunlight. He raises his long sword high in his hand, the blade flashing with a cold light. His face is partially covered by his helmet, but he can still feel his firm and majestic gaze, as if he is about to rush to the battlefield to defend justice and glory. （译文：仰视，远景，在高耸入云的古老城堡前，抬头仰望，一位英勇的骑士身骑雪白战马。骑士身披厚重的银色铠甲，在阳光的照耀下熠熠生辉。他高高举起手中的长剑，剑刃闪烁着寒光，面部被头盔遮住大半，但仍能感受到他那坚定而威严的目光，仿佛即将奔赴战场，去捍卫正义与荣耀。）

图 3.10　AI 生成的仰视角度图像

（3）平视角度。平视角度给人一种亲近和真实的感受。通过选择不同的角度，可以强调或弱化某些元素，创造出独特的视觉效果。用以下提示词生成的平视角度图像如图 3.11 所示。

提示词：On a peaceful rural path, from a head up perspective, a simple peasant woman is slowly walking with a burden on her shoulders. She is wearing coarse linen clothes and her hair is simply tied up at the back of her head. Her face is covered with the marks of time, but filled with gentleness and kindness. The fruits and vegetables in the burden are fresh and juicy, and her gaze is focused on the road ahead, with steady steps, giving a warm and authentic feeling. （译文：在宁静的乡村小道上，以平视的视角，一位朴实的农妇正挑着担子缓缓走来。她身穿粗布麻衣，头发简单地束在脑后。脸上布满了岁月的痕迹，却洋溢着温和与善良。担子中的蔬果新鲜欲滴，她的目光专注地看着前方的道路，步伐稳健，给人一种亲切而真实的感觉。）

图 3.11　AI 生成的平视角度图像

3.2.4　色调（色彩氛围）

（1）暖色调。暖色调如红色、橙色和黄色，通常传达温暖、活力和积极的情感。用以下提示词生成的暖色调图像如图 3.12 所示。

提示词： Warm tones, in a spacious living room, the walls are painted in a warm orange yellow color. The lighting is soft. A family sits around a large table filled with delicious food, including roasted golden turkey, brightly colored fruit salad, and steaming hot soup. The child is wearing bright yellow clothes, laughing and playing. The adults wear smiles and engaged in friendly conversations, their faces brimming with happiness and satisfaction, creating a warm and joyful atmosphere throughout the scene.（**译文：** 暖色调，在一个宽敞的客厅里，墙壁被涂成了温暖的橙黄色。灯光柔和。一家人围坐在一张摆满美食的大桌子旁，有烤得金黄的火鸡、色泽鲜艳的水果沙拉和热气腾腾的汤。孩子穿着明黄色的衣服，欢笑嬉戏。大人们面带微笑，亲切交谈，他们的脸上洋溢着幸福和满足，整个场景充满了温暖和欢乐的氛围。）

图 3.12　AI 生成的暖色调图像

（2）冷色调。冷色调如蓝色、绿色和紫色，往往给人带来宁静、寒冷或神秘的感觉。用以下提示词生成的冷色调图像如图 3.13 所示。

提示词: The cool color scheme depicts a vast white polar world, with blue glaciers and snow capped mountains shimmering in the sunlight, complementing the surrounding white snow and appearing even colder. A polar bear walks alone on the ice, its figure appearing particularly small in this vast and cold world. The whole scene gives a feeling of loneliness, mystery, and coldness. （译文：冷色调，画面展现的是一片白茫茫的极地世界，蓝色的冰川和雪山在阳光下闪烁着寒光，与周围的白色雪地相互映衬，显得更加清冷。一只北极熊孤独地行走在冰面上，它的身影在这片广阔而寒冷的天地间显得格外渺小。整个场景给人一种孤寂、神秘又寒冷的感觉。）

图 3.13　AI 生成的冷色调图像

（3）中性色调。中性色调（如灰色和棕色）则能营造出稳重、朴实的氛围。色调的选择和搭配可以极大地影响图像的情绪和视觉吸引力。用以下提示词生成的中性色调图像如图 3.14 所示。

提示词: On a cloudy morning, the streets of the city are shrouded in a faint gray. The gray cement road extends into the distance, flanked by buildings in beige and dark gray, simple yet grand. The pedestrians on the road hurriedly passed by, wearing neutral-toned clothes such as black, white, and gray, giving people a low-key and steady feeling. The streetlights on the street emit a soft glow, adding a touch of warmth and tranquility to the city. （译文：在一个阴天的早晨，城市的街道被一层淡淡的灰色所笼罩。灰色的水泥路面向远处延伸，两旁是米色和深灰色相间的建筑，简洁而大气。路上的行人匆匆而过，他们穿着黑、白、灰等中性色调的衣服，给人一种低调而沉稳的感觉。街边的路灯散发着柔和的光芒，为这座城市增添了一丝温馨与宁静。）

图 3.14　AI 生成的中性色调图像

　　通过对本章的学习，读者已经学会了如何运用自然语言更有效地引导 AI 创造出期望中的图像。文生图要基于不断尝试，因为 AI 的生成过程具有一定的随机性。

　　如果初次尝试未能得到满意的结果，不要气馁，继续尝试，可能下一次就能得到一张令人惊喜的图像。

4

文生图模型的选择公式

第 2 章剖析了各工具的优缺点，帮助读者建立了基础选型认知。

如今，文生图模型层出不穷。Sora 以强大的语言理解与多样输入功能，创造出惊人的动态视觉效果；可灵 AI 专注于中文领域，服务于本土创作者，可快速实现创意视频化；海螺 AI 凭借高品质输出在短时间内获得高关注；Runway 则因成熟技术与丰富创意选项备受青睐。

面对众多选择，如何精准找到适合自己的模型呢？

4.1 找到适合自己的模型

本章将构建三维度选型框架：场景适配性、技术成熟度、用户技能层级。通过拆解典型创作场景，揭示不同工具在提示词工程、模型微调、多模态融合等环节的差异化优势，助力读者建立科学的决策逻辑。

生成 AI 图像需要关注风格、人物、场景等核心元素。风格细分有 3D、写实摄影、二次元、油画、CG、插画等。各工具有其擅长与不擅长的领域，因此 AI 学习的关键在于融会贯通。尽管许多软件提供了风格类模型，但这些模型的效果通常不如它们在擅长的领域中那么突出。

以 Midjourney 为例，其模型选择包括更偏向二次元风格的 Niji 类。然而，Midjourney 擅长的是电影感画面的图像生成，而非二次元，因此在使用上通常更倾向于选择 6.1 版本的模型。Midjourney 版本选择界面如图 4.1 所示。

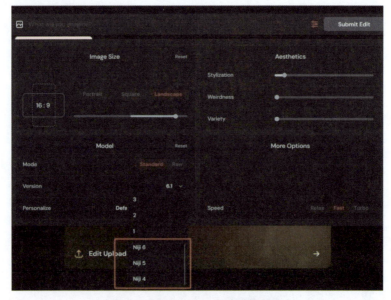

图 4.1　Midjourney 版本选择界面

而风格类模型正是 SD 最擅长的，因为它本身就是一个源代码，生成的图像全部取决于用户提供的训练模型。例如,如果提供给 SD 的训练模型全部是笔者的照片,那么笔者无论输入何种提示词,模型生成的人物都是笔者这张脸,这正是训练专属模型的关键所在。

此外,在 SD 里,有许多优秀的爱好者都在平台分享自己训练好的模型,读者可以在平台上下载一个想用的模型,用于生成风格化的图像。网址有 C 站(见网址 11),这里集合了国内外分享的模型。其中国内比较好用的有哩布哩布 AI(见网址 12),并且哩布哩布 AI 提供了 SD 的在线生成平台。如果读者没有满足需求的设备,也可以在哩布哩布 AI 上体验 SD 生图,虽然功能比较少,但是简单且不会报错。哩布哩布 AI 官网主界面如图 4.2 所示。

图 4.2　哩布哩布 AI 官网主界面

进入哩布哩布主页后可以看见其中有许多分类,无论是人像摄影、电商海报、建筑风景,还是二次元,都可以选择下载或在线生成。

注意:这里每张图像旁标注的信息,不同版本对应不同模型。例如,Checkpoint 就是用户训练好的模型,而 LoRA 则是微调模型,这两个模型在后面 SD 教程中会详细说明。

4.2　案例演示

下面以 SD 为例展示不同模型的生成方法与效果。

4.2.1　电商

假如用户是一名电商运营,需要设计电商海报,则需要找到电商模型并生成调整参数。

找到一个适合电商的 LoRA 模型，哩布哩布 AI 内的 LoRA 模型如图 4.3 所示。

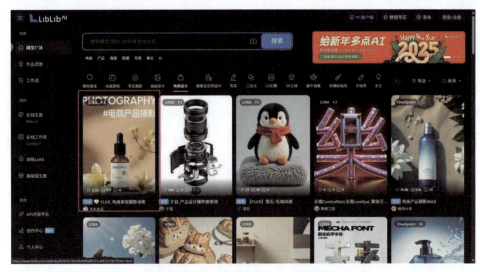

图 4.3　哩布哩布 AI 内的 LoRA 模型

单击下载电商 LoRA 模型或者在线生图。电商 LoRA 模型的详细介绍如图 4.4 所示。

图 4.4　电商 LoRA 模型的详细介绍

输入提示词，SD 提示词界面如图 4.5 所示。调整参数，SD 参数设置界面如图 4.6 所示。

提示词: On the surface of the stone, natural elements such as grassland and forest are added to the composition in outdoor nature. Natural light and shadow projection, ultra-high-end glass texture, minimalist design of bottle body label, surrounded by two large yellow and white flowers with delicate petals and bright heart-shaped, creating a harmonious and peaceful atmosphere. The background is soft gray,enhancing the soft and warm colors of the bottle body and flowers. The overall atmosphere is calm and charming,emphasizing the beauty and simplicity of nature,（译文：在石头的表面，草原和森林等自然元素被添加到户外自然的构图中。自然光影投射，超高端玻璃质感，瓶身标签极简主义设计，周围环绕着两朵黄色和白色的大花，花瓣精致，心形明亮，营造出和谐宁静的氛围。背景是柔和的灰色，增强了瓶体和花朵的柔和暖色。整体氛围宁静迷人，强调大自然的美丽和简单。）

图4.5　SD提示词界面

图4.6　SD参数设置界面

　　单击"开始生图"按钮生成图像，等待片刻即可得到图像。AI生成的电商图像如图4.7所示。

图 4.7　AI 生成的电商图像

这样就得到一张电商海报，如果需要调整，则使用 Photoshop 或美图秀秀手动添加文字即可。

4.2.2　人像摄影

如果想要生成人像摄影，就同上文所述，找到一个人像模型，单击下载或在线生成。哩布哩布 AI 内的人物 LoRA 模型如图 4.8 所示。

图 4.8　哩布哩布 AI 内的人物 LoRA 模型

输入提示词，SD 提示词设置界面如图 4.9 所示。调整参数，SD 参数设置界面如图 4.10 所示。

提示词: masterpiece,4K,8K,light diffuser photography,miluo_zhigan,a young Asian woman with long,wavy black hair,wearing a large silk-like red evening dress(1.2),gazes pensively. red background. Warm lighting highlights her soft skin and expressive eyes.full-size picture,The image is a high-resolution photograph with a shallow depth of field. (**译文**: 杰作, 4K, 8K, 光漫射摄影, 汨罗之感, 一位年轻的亚洲女性, 留着长长的黑色波浪发, 穿着一件丝绸般的红色晚礼服 (1.2), 若有所思地凝视着。红色背景。温暖的灯光突出了她柔软的皮肤和富有表现力的眼睛。全尺寸的照片, 这张照片是一张浅景深的高分辨率照片。)

图 4.9　SD 提示词设置界面

图 4.10　SD 参数设置界面

单击"开始生图"按钮生成图像。SD 生成的人像模特如图 4.11 所示。

图 4.11　SD 生成的人像模特

4.2.3　室内装修

如前文所述，找到一个喜欢的模型。哩布哩布 AI 内的室内 LoRA 模型如图 4.12 所示。

图 4.12　哩布哩布 AI 内的室内 LoRA 模型

下载或输入提示词在线生成，SD 提示词设置界面如图 4.13 所示。调整参数，SD 参数设置界面如图 4.14 所示。

> **提示词**：ModernRoomDesign,double layered structure,modern living room,indoor fireplace,minimalistic,design,natural light,floor-to-ceiling, windows,sofa,furniture,decorative,coffee,table,hardwood,flooring,recessed,lighting,luxury,interior,spaciousness,（**译文**：现代房间设计，双层结构，现代客厅，室内壁炉，简约设计，自然光，落地窗，沙发，家具，装饰，咖啡桌，硬木地板，嵌入式照明，豪华内饰，宽敞感，）

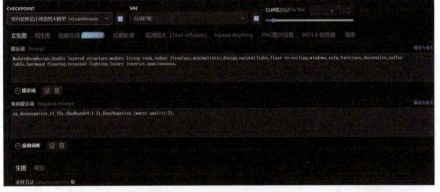

图 4.13 SD 提示词设置界面

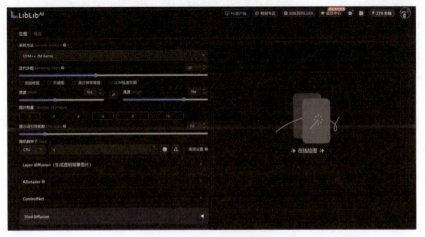

图 4.14 SD 参数设置界面

单击"开始生图"按钮生成图像。SD 生成的室内装修效果如图 4.15 所示。

图 4.15 SD 生成的室内装修效果

4.2.4　建筑风景

选取一个喜欢的模型，如图 4.16 所示。

图 4.16　哩布哩布 AI 内的风景 LoRA 模型

下载或输入提示词在线生成，SD 提示词设置界面如图 4.17 所示。调整参数，SD 参数设置界面如图 4.18 所示。

提示词：head-up lens,(masterpiece,best picture quality: 1.3),small town,country, farmland, land,stream water,landscape,plant,sky,grass,cloud,tree,morning light,deciduous,snow mountain, house,【译文：平视镜头，（杰作，最佳画质:1.3），小城镇，乡村，农田，土地，溪水，风景，植物，天空，草，云，树，晨光，落叶，雪山，房子，】

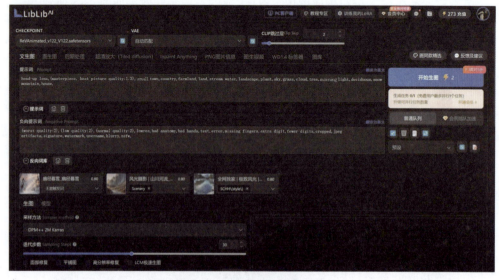

图 4.17　SD 提示词设置界面

图 4.18　SD 参数设置界面

单击"开始生图"按钮生成图像。SD 生成的风景如图 4.19 所示。

图 4.19　SD 生成的风景

4.2.5　生成中文字符

在第 2 章中讲到，即梦 AI 在生成中文字符的领域"一骑绝尘"，如果用户需要生成带有中文字符的画面，可以使用即梦 AI。

打开即梦 AI 文生图页面，选择模型 2.1，输入提示词，得到结果。即梦 AI 生成的文字效果如图 4.20 所示。

提示词:"一个中国青年正在房间里书写毛笔字,画卷上写着'王二导'三个字"。

图 4.20　即梦 AI 生成的文字效果

由图 4.20 可见,即梦 AI 对中文的理解能力颇强,能精准呈现提示词内容,不仅支持中文,还涵盖英文。

用户可以根据自身需求进行选择。需要指出的是,如果想要打造优秀的 AI 作品,需要整合多方资源,借助多种工具的力量。当某一画面生成遇到阻碍时,不妨切换至其他工具,或许能收获意想不到的效果。

5

保姆级软件安装部署流程

当创作者用 AI 辅助创作时，硬件配置将成为首要挑战。当前主流 AI 工具多采用云端部署模式，为用户提供了即开即用的便利性，但免费版通常存在功能限制（如分辨率上限、生成次数限制），专业版则需要支付订阅费用。如果希望深度使用开源工具，则需要配备满足 CUDA 加速要求的独立显卡，高性能硬件如同创作基石，直接影响模型加载速度、复杂任务处理效率及最终输出质量。

本章主要帮助读者了解玩转 AI 所需要的配置以及会出现的常见报错。

5.1 配置要求

显卡是 AI 辅助创作的核心硬件之一，其性能不足常常成为部署的"绊脚石"。如今大量前沿的 AI 软件，如基于深度学习的 3D 建模软件、超高清视频实时处理软件等，都依托复杂的神经网络架构进行海量数据运算，对显卡的算力有着严苛要求。若显卡达不到最低标准，软件在运行时便会陷入困境，频繁卡顿、画面撕裂，甚至直接闪退崩溃，让部署工作功亏一篑。

对于个人使用 AI 开源工具，笔者建议显卡配置至少为 NVIDIA（英伟达）3080 Ti 或更高性能的显卡，并且仅兼容英伟达系列显卡。CPU 也应根据显卡进行适配。

下面将介绍如何查看计算机的显卡是否达标。

步骤 1 在桌面下方状态栏中右击，或者按 Ctrl+Alt+Delete 组合键，以显示任务管理区选项。任务管理器截图如图 5.1 所示。

图 5.1　任务管理器截图

步骤 2 单击"任务管理器"图标，选择"性能"选项。任务管理器界面截图如图 5.2 所示。

图 5.2　任务管理器界面截图

步骤3　查看右上方 GPU 名称及下方专用 GPU 内存。GPU 参数界面截图如图 5.3 所示。

图 5.3　GPU 参数界面截图

以笔者的计算机为例，可以看到显卡为英伟达 RTX 4080，显存为 12GB。

读者可以查看自己计算机的显卡类型及显存大小，这里推荐显存最少 12GB 才能运行大部分 AI 软件，否则会经常出现爆显存、闪退等问题。

5.2 环境部署

硬件兼容性问题常常成为"拦路虎"。不同的 AI 软件对硬件配置有着严苛的要求，以深度学习类的 AI 软件为例，像一些基于复杂神经网络架构的图像识别软件，往往需要高性能的 GPU 来加速运算。

若硬件达不到最低标准，软件在运行时可能会频繁卡顿，甚至直接崩溃，导致部署失败。同时，软件依赖项的管理也是一大棘手问题。

许多 AI 软件依赖于各种特定版本的库文件、框架等，稍有不慎，版本冲突就会引发一连串的报错。

面对这些棘手问题，本书也有相应的应对策略。对于软件依赖项管理，建议使用虚拟环境工具，如 Conda 或 Virtualenv，将不同项目所需的依赖项隔离开来，避免版本冲突。

在安装依赖项时，严格按照软件官方提供的版本清单进行操作，确保各个组件的兼容性。以自然语言处理项目为例，开发人员利用 Conda 创建了独立的虚拟环境，按照指定版本安装库文件，使软件顺利启动运行。

在无数次的试错过程中，笔者总结了一些能够兼容大部分 AI 软件运行的较好的环境，如果跟着步骤走，基本不会有后续的报错问题。

5.2.1 虚拟内存

用户在训练自己的模型时，常常会出现还没开始就报错的情况，如果没有爆显存，也没有路径问题，那就是内存不足，可以使用虚拟内存的方法增加内存。

什么是虚拟内存呢？

虚拟内存是计算机系统中一项极为重要的内存管理技术。简单来说，它是在计算机的硬盘上划出特定的一块空间，用来模拟成额外的内存供系统使用。

计算机的物理内存就像家中的客厅，是程序和数据活动与存放的场所。然而，客厅空间有限，当同时运行多个程序，如文档编辑、网页浏览、音乐播放，以及大型游戏或 AI 画图软件时，物理内存可能会被迅速占满。

这时，虚拟内存就发挥了作用。它如同楼下宽敞的仓库，当物理内存不足时，系统会智能地识别出暂时不常用的数据，如浏览器中已浏览过的网页内容，将其转移至虚拟内存中。一旦需要访问这些数据，系统会迅速从虚拟内存中调回，放回物理内存，确保软件的顺畅运行，避免因内存不足而导致死机或卡顿问题。

下面介绍设置虚拟内存的具体步骤。

步骤1 右击"此电脑"，在弹出的快捷菜单中选择"属性"选项，此时会弹出图 5.4

所示的窗口。该窗口中展示了计算机的一些基本信息，如处理器、已安装的内存等。

图 5.4　系统信息界面截图

步骤 2　在弹出的"系统"窗口中，单击"高级系统设置"选项，打开"系统属性"窗口，切换到"高级"选项卡，在这里可以看到关于性能、用户配置文件等相关设置。系统属性界面截图如图 5.5 所示。

图 5.5　系统属性界面截图

步骤 3　单击"性能"区域中的"设置"按钮，随后会打开"性能选项"窗口，再次切换到"高级"选项卡，便能看到"虚拟内存"区域。性能选项界面截图如图 5.6 所示。

步骤 4　单击"更改"按钮，进入虚拟内存设置页面。虚拟内存界面截图如图 5.7 所示。

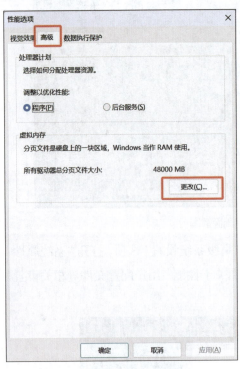

图 5.6　性能选项界面截图

图 5.7　虚拟内存界面截图

在这里，用户可以取消勾选"自动管理所有驱动器的分页文件大小"复选框，然后选择需要设置虚拟内存的驱动器，一般系统盘是 C 盘。

对于普通办公用户，如果物理内存相对较小，如只有 4GB 或 8GB，那么可以适当增大虚拟内存的最小值，将其设置为物理内存的 1.5 倍左右，最大值设置为物理内存的 2 倍左右。例如，一台配备 4GB 物理内存的笔记本电脑，可以将虚拟内存最小值设置为 6GB，最大值设置为 8GB。设置完成后，单击"设置"按钮，再单击"确定"按钮保存设置。存放位置选择系统盘（通常是 C 盘）即可，因为普通办公场景对硬盘读写速度的敏感度相对较低。

而对于那些需要运行大型游戏、专业图形设计软件或 AI 软件的用户，情况则有所不同。这些软件对内存的读写速度要求极高，因此在设置虚拟内存时，不仅要考虑容量，还要关注其存放位置。

如果用户的计算机配备了高速固态硬盘（high speed solid state drive，SSD），强烈建议将虚拟内存设置在 SSD 上。相较于传统机械硬盘，SSD 拥有更快的读写速度，能大大提高虚拟内存的读写效率，减少数据交换时的延迟。同时，考虑到这类软件对内存的巨大需求，虚拟内存的最小值可以设置为与物理内存相近的值，最大值则可以设置为物理内存的 2.5~3 倍。

以一台配备 16GB 物理内存、运行 3D 建模 AI 软件的工作站为例，可以将虚拟内存最小值设置为 16GB，最大值设置为 48GB，且务必将其存放在 SSD 上，这样在渲染复杂 3D 模型、处理海量 AI 数据时，系统便能更加稳定高效地运行。

5.2.2　macOS 系统中虚拟内存的设置

在 macOS 系统中，虚拟内存的管理相对更加自动化。苹果的操作系统会根据系统整体的运行状况和内存使用情况自动调整虚拟内存的分配。但是，在一些特殊情况下，如在使用专业音频、视频编辑软件或运行大型虚拟机时，用户也可以通过终端命令来微调虚拟内存的参数。

例如，使用"sudo sysctl –w vm.swapusage=10"命令可以将虚拟内存的使用比例调整为 10%。当然，在执行此类命令之前，务必了解该命令可能产生的影响，以免造成系统不稳定。

无论是 Windows 还是 macOS 系统，设置虚拟内存后，都要留意系统的实际运行效果。用户可以通过任务管理器（Windows）或活动监视器（macOS）来实时观察内存和虚拟内存的使用情况，若发现设置后仍存在卡顿、死机等问题，或者虚拟内存的使用率持续过高或过低，都需要重新审视并调整虚拟内存的设置。

5.2.3　环境变量部署

在使用各种 AI 软件时，环境变量极其重要。环境变量是操作系统中的一个重要概念，它就像计算机运行的"幕后导航员"，默默地为各类程序指引方向，确保它们能顺利找到所需资源。

以在 Windows 系统中安装 FFmpeg 时配置环境变量为例，当用户把 FFmpeg 解压到指定目录后，需要配置环境变量，这一步至关重要。系统变量中的 Path 变量就如同一条包含众多地址的"超级街道"，计算机在执行命令时，会沿着这条"街道"去搜索对应的程序或文件。

当用户将 FFmpeg 的安装目录路径（如"C:\ffmpeg\bin"）添加到 Path 变量中，就相当于告诉计算机："以后要是遇到和 FFmpeg 相关的指令，别忘了来这个文件夹里查找对应的执行文件。"这样一来，无论用户在命令提示符（command prompt，CMD）的哪个位置，只要输入与 FFmpeg 相关的命令，系统就能迅速定位到它所在的文件夹，找到可执行文件并运行，否则系统就会一脸茫然，找不到 FFmpeg，因为它根本不知道该去哪里查找。

下面详细说明如何进行环境变量部署。

步骤 1 打开浏览器，访问 FFmpeg 的官方网站（见网址 13）。在官方网站首页，可以找到各类相关信息与资源链接，先进入 Download 页面。FFmpeg 下载界面如图 5.8 所示。

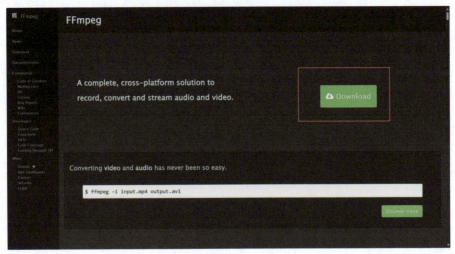

图 5.8　FFmpeg 下载界面

步骤 2 进入 Download 页面后，针对 Windows 系统，用户会看到不同的构建版本可供下载。

通常推荐选择稳定版本，以确保兼容性与稳定性。例如，目前最新的稳定版本可能标注为"ffmpeg-××.×××.××-win64-static.zip"（××代表具体版本号），单击下载链接，将安装包下载到本地。下载界面截图如图 5.9 所示。

图 5.9　下载界面截图

步骤3 下载完成后，找到下载好的压缩包，右击，在弹出的快捷菜单中选择"解压到当前文件夹"选项或指定一个方便查找的解压路径。

解压后，生成一个包含可执行文件与文件夹的目录，这就是 FFmpeg 的安装目录。安装包截图如图 5.10 所示。

图 5.10　安装包截图

步骤4 为了能在命令行的任意位置方便地调用 FFmpeg，需要配置环境变量。

右击"此电脑"，在弹出的快捷菜单中选择"属性"选项，打开"系统"窗口，然后单击"高级系统设置"选项，在弹出的"系统属性"窗口（图 5.11）中切换到"高级"选项卡，单击"环境变量"按钮，打开"环境变量"窗口。

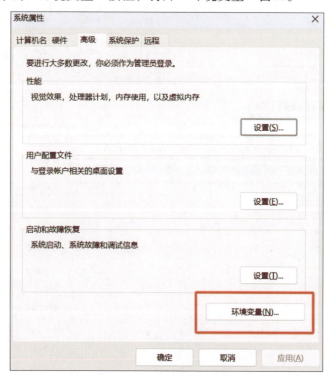

图 5.11　"系统属性"窗口

步骤5 在"环境变量"窗口中的"Kris 的用户变量"区域，找到 Path 变量并双击打开编辑，单击"新建"按钮，将步骤 3 中解压得到的 FFmpeg 安装目录路径添加进去，如"C:\ffmpeg\bin"（假设解压路径为此。需要注意的是，用户在下载软件安装包时，建议全部使用英文路径），依次单击"确定"按钮保存设置。"环境变量"窗口如图 5.12 所示；"编辑环境变量"窗口如图 5.13 所示。

图 5.12 "环境变量"窗口

图 5.13 "编辑环境变量"窗口

至此，Windows 系统下的 FFmpeg 安装完成。

打开命令提示符，输入"ffmpeg –version"命令，按 Enter 键，如果能正常显示 FFmpeg 的版本信息，就说明安装成功。

虽然部署好环境能够减少运行软件时的各种问题，但仍会有突发情况导致运行报错。

下面将列举几个在运行 AI 源代码时可能遇到的报错信息示例。

报错 1：依赖项缺失或版本不兼容报错

"ModuleNotFoundError: No module named 'tensorflow'"：这表明当前环境中没有安装 TensorFlow 库，当运行依赖该库的 AI 代码时就会出现此错误，意味着用户需要安装对应的依赖项。

"ImportError: cannot import name '×××' from 'tensorflow.keras.layers'"：这里的 "×××" 代表某个具体的模块或函数，说明安装的 TensorFlow 版本与代码期望的版本不一致，导致代码无法从相应位置正确导入所需内容，可能是因为升级或降级了框架版本，而代码未适配。

报错 2：GPU 相关报错

"CUDA error: no CUDA-capable device is detected"：直接提示代码运行环境没有检测到能够支持 CUDA 的 GPU 设备，可能是 GPU 驱动未安装或安装有误，抑或是硬件本身存在故障。

"RuntimeError: Expected all tensors to be on the same device, but found at least two devices, cuda:0 and cpu"：此报错显示代码期望所有张量都在同一设备（如 GPU 的 cuda:0 设备）上运行，但实际发现有部分张量在 CPU 上，这通常是由于 GPU 配置不当，没有让整个模型运行流程统一使用 GPU 资源，可能是某些模块初始化时未指定正确的设备。

报错 3：内存不足报错

"MemoryError: Unable to allocate 4.3 GiB for an array with shape (×××, ×××)"：明确指出内存无法分配足够空间给特定形状的数组，其中 "(×××, ×××)" 是数组的维度信息，说明当前处理的数据量过大，超出了物理内存可承受范围。

"Out of memory: Kill process ×××"：系统层面发出的提示，意味着内存耗尽，为了保证系统正常运行，开始强制终止占用大量内存的进程，这里的 "×××" 是被终止进程的标识，通常在运行大量消耗内存的深度学习训练任务时容易遇到。

报错 4：代码语法错误

"SyntaxError: invalid syntax"：这是最常见的语法错误提示，后面往往跟着出错的代码行，如 "SyntaxError: invalid syntax on line 23: if a > 5"，说明第 23 行的代码存

在语法不符合编程语言规则的情况，可能少了括号、引号之类的标点符号。

"NameError: name 'variable_name' is not defined"：表示使用了一个未定义的变量，代码中直接引用了名为"variable_name"的变量，但在此之前并没有对其进行定义赋值，如"print(variable_name)"，而前面没有"variable_name = × × ×"这样的定义语句。

报错 5：数据集路径错误

"FileNotFoundError: [Errno 2] No such file or directory: '/data/trAIn_images'"：清晰表明按照代码中指定的路径"/data/trAIn_images"找不到对应的文件或目录，可能是路径书写错误，或者数据集确实没有放置在该位置。

"IsADirectoryError: [Errno 21] Is a directory: '/data/trAIn_labels.csv'"：当代码期望读取的是一个文件，但实际给定的路径指向的是一个目录时，就会出现此报错，如误把存放多个标签文件的文件夹路径当作单个标签文件路径来使用。

在使用 AI 软件的过程中，报错问题多种多样，以上仅列举了部分常见案例及相应解决方案。不同 AI 软件因其独特的架构和功能，报错类型及原因存在差异，这意味着需要针对具体案例进行具体分析，以制定合适的解决方案。

在后续的章节中，将深入探讨 SD 及其他相关软件的教学内容，包括这些软件的常见报错问题及其详细的解决方法，为用户提供更全面的技术支持和使用指导。

6

第6章

提升SD作品的专业性

AI 图像生成模型究竟是如何学会绘画的？其实，我们为 AI 提供数据以引导其机器学习的过程，称为模型的训练。经过训练，AI 得到了一系列可以让其表现更出色的知识，也称为模型。而后续利用模型解决问题的过程就称为推理。

在 AI 绘画这个领域，AI 学习的资料是开发者们通过互联网抓取的海量图像。这些图像及用于描述它们的文字信息共同构成了用于训练的数据集。当大家通过提示词告诉模型想要画的内容时，AI 就可以很轻松地从它那庞大的知识储备库中找到对应的图像，再将其中的信息组合在一起。这样一幅由 AI 生成的画作就诞生了，是这样吗？

当然不是！即使是初学者也能轻松完成这种简单的拼接任务，根本用不到 AI。

实际上，很多人在输入提示词生成图像时，结果往往不尽如人意，甚至反复尝试也达不到理想的效果，这正是第一步就做错了。数据集所存储的并非图像本身，而是图像里蕴含的像素分布规律。我们在计算机屏幕上看到的每张图像其实都是由不同颜色的像素点构成的，每个像素点可以用红、绿、蓝三种颜色的数值表示。像素分布规律就是解释这些不同颜色的点是如何排列组合，从而形成各种事物的。在人类的世界里，认识一个东西似乎是与生俱来的天赋，但对 AI 来说并不容易，在它的世界里，这些图像只是一堆像素数据的排列组合，难道 AI 只能靠盲猜吗？事实上，AI 最开始确实就是靠盲猜来尝试的，但我们会通过学习算法引导它记住那些正确的选择。这个过程重复成千上万次甚至数亿次，AI 就会在不断的试错中变得越来越聪明，从而总结出各种形象对应的像素分布规律。

例如，篮球就是一堆代表橙色的像素数据，汇聚成一个圆形，中间夹杂着一些黑色的点，排列成线条。马赛克篮球示意图如图 6.1 所示。

而足球则是一个白色的圆形，中间有黑色的点，聚集成大块的正五边形，这也是计算机视觉的本质。马赛克足球示意图如图 6.2 所示。

图 6.1　马赛克篮球示意图

图 6.2　马赛克足球示意图

这些规律通过一些数学手段转换为嵌入向量并存储在模型里。嵌入向量本质上是一串很长的数字序列，每个数字对应一个维度，用于描述某种向量空间的特征。

回到一开始提到的问题，模型如何生成一张图像？它所做的事情就是将提示词里的各种描述信息也转换成了一个个向量，然后与训练时掌握的各种规律一一对号入座。

在 SD Web UI 里，用户绘制一张图像的操作流程如下：

（1）选择一个风格合适的模型。

（2）输入描述画面的提示词。

（3）调节一系列的绘制参数。

（4）单击相应按钮，生成图像。

然而，如果揭开 Web UI 这层表皮，其底层模型的工作逻辑是这样的：首先 AI 会将用户输入的一大串提示词分解成一个个独立的 token（可以翻译成词源，代表机器学习中的最小语义单位）；然后，文本编码器会将每个 token 对应的含义进行处理，并将它们以一定方式相加，从而得到绘制一张新图像所需的规律。

与此同时，用户输入的参数会进入噪声预测器，用于设定生成过程中的工作方式，如生成步数、生成方式，以及图像的尺寸比等。在这些初始属性准备完毕，随机种子会计算出一张初始噪声图，然后噪声预测器会在文本编码器的指导下，逐步扩散去除上面的噪声，并为图像添加某些形象，经过了若干次循环以后，图像的大概形象就会显现出来。

在生成环节的最后，还需要通过一个变分字编码器（variational autoencoder，VAE），把图像从噪声形态转换为人们肉眼可以正常分辨的图像，这样一张完整的图像就生成了。这就是 SD 真正的工作原理。

6.1　让模型与 LoRA 更匹配

前面章节中已经探讨了如何挑选合适的模型及 LoRA。如果用户在模型分享网站上发现符合自身需求与喜好的模型及 LoRA，可以进行下载并投入使用。

然而，在实际操作过程中，常常会出现一种情况：尽管下载了 LoRA 并尝试启用，却感觉其并未产生预期的效果。针对这一问题，下文将详细讲解如何在模型和 LoRA 的使用过程中更加得心应手。

首先，打开秋叶启动器，单击"一键启动"按钮。秋叶启动器界面如图 6.3 所示。

图6.3　秋叶启动器界面

在界面左上角可以选择模型，如图6.4所示。

图6.4　模型选择界面

模型名称后缀中的数字非常重要，它表示模型的版本号。具体来说，这些数字是safetensors格式的版本前缀，可能是1.0或1.4。模型版本截图如图6.5所示。

图6.5　模型版本截图

如果出现LoRA没有启用的情况，则是模型版本与LoRA不匹配导致的。因此，下载LoRA时要注意左上角LoRA的版本。

例如，这个LoRA版本就是SDXL模型的版本，只有在SDXL模型下才能启用。模型版本型号如图6.6所示。

如果 LoRA 的左上角写着 F.1，意思就是 flux 1.0 版本的模型才可以使用。这里要注意，如果只标注了 LoRA 的模型，则 SD 1.4、SD 1.5 模型都可以使用，但是如果标注了 XL 和 F.1，则这些 LoRA 只能在这个标注的版本下使用。LoRA 版本型号截图如图 6.7 所示。

图 6.6　模型版本型号　　　　　　图 6.7　LoRA 版本型号截图

LoRA 在本地端的使用也很简单，只需将下载的 LoRA 存放于指定目录下即可。models 文件夹位置截图如图 6.8 所示。

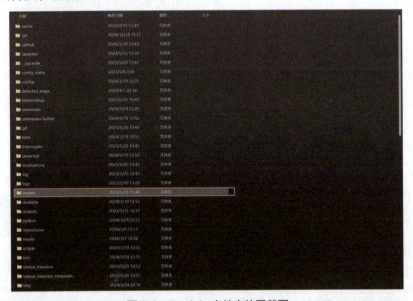

图 6.8　models 文件夹位置截图

例如，笔者的存放位置为 D:\Stable diffusion\new\SD–webui–aki\SD–webui–aki–v4.1\models\LoRA，要存放在 SD 文件夹下的 models\Lora 文件夹下。Lora 文件夹位置截图如图 6.9 所示。

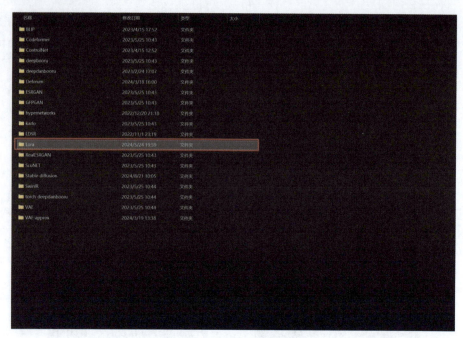

图 6.9　Lora 文件夹位置截图

存放成功后，在生图界面中默认不会显示 LoRA，除非安装了相关插件。这里以不显示 LoRA 为例：启用 LoRA 的方式十分简单，只需在提示词中添加代码 "LoRA：×××：0~1" 即可。其中，××× 表示保存 LoRA 的名称；0~1 就是选用参数，0 为不启用 LoRA，1 则为最大限度地启用 LoRA，一般笔者都输入 0.8，可以根据不同需求进行更改。

下面演示启用 LoRA 的过程。

选取笔者保存时命名的 dunhuang.LoRA 并输入提示词内，再加上 0.8 的参数设置，然后单击"生成"按钮，这样就启用 LoRA 了。

如果生成之后不满意，如 LoRA 占据元素太多，则可以降低参数；如果 LoRA 风格不明显，则可以增加参数。提示词中的 LoRA 位置截图如图 6.10 所示。

图 6.10　提示词中的 LoRA 位置截图

6.2 训练一个专用的 LoRA

既然 LoRA 这么好用，是否能训练一个专属于自己的 LoRA 来生成原来的大模型无法生成的内容呢？当然可以。

训练一个属于自己的 LoRA 也成为大家热衷的事情，甚至衍生出了一个专门的职业——"炼丹师"。

为什么训练 LoRA 会这么受偏爱呢？

以最早公开的 SD 1.1 版本模型为例，官方说明其使用了当时世界上最大规模的多模态图文数据集 Lion 2B 进行训练。其中，B 代表 billion（10 亿），即该数据集包含约 23.2 亿对图像及对应文本描述。在此基础上，官方进行了大量的数据训练。后续每个版本都追加了更多高质量图像进行优化，如目前广泛使用的 SD 1.5 版本，其训练集规模已超过 50 亿张图像。如此庞大的数据集，训练成本自然极高。

有些消息称，SD 团队使用了大约 256 块 A100 GPU，训练时长近 15 万小时，算力成本约 60 万美元（合人民币 400 多万元）。然而，媒体在报道时称其"仅"60 万美元，是因为据外界预估，其竞争对手 DLEE 的花费可能是其 7~8 倍。而如今风靡一时的 GPT4 的训练成本更是超过 1 亿美元。这些庞大的数字让人不禁思考，人们是否需要在自己家中构建百万级别的训练工程？答案显然是否定的。

事实上，当前 AI 绘画领域的模型训练并非从零开始，而是在官方已投入巨大成本训练并开源的模型基础上进行二次加工。这种二次加工称为模型的微调，所得模型即为微调模型。而这些价值百万元的原版开源模型则称为预训练模型。训练者可以将模型比作一个人，开源大模型公司为其完成了 12 年的教育，使其达到大学新生的水平。训练者只需在此基础上稍作加工，如选择专业、安排课程，模型便能"毕业"并投入实际工作。因此，训练者的工作量大幅减轻，训练也可以在个人计算机上完成。

常用的 SD 模型版本，如 1.4、1.5、2.0 及 XL 等，均为官方提供的预训练模型版本。在对模型进行微调时，训练者可以选择不同版本的预训练模型作为基底，甚至可以选用他人已微调好的模型进行再次加工。不同基底及微调方式的效果各异，一些效果不佳或已被新方法取代的微调训练手法已无人使用。

从目前的模型市场现状来看，主流的微调训练手法主要有两种：大家在推理过程中会使用 Checkpoint 大模型和 LoRA 模型。其中，LoRA 配置要求最低，理论上 8GB 以上即可启动训练，但实际测试中，为获得较好的训练体验，兼顾速度与质量，推荐配置在 16GB 以上。

接下来，介绍训练一个模型的三个步骤。

6.2.1　准备训练集

准备好要训练的人物或物品的照片，一般 10~20 张即可，常见的图像格式都可以存在一个文件夹中。训练集文件夹如图 6.11 所示。

图 6.11　训练集文件夹

6.2.2　图像预处理

图像预处理的目的是使训练集更加符合模型训练的规范要求。

图像预处理主要包括两项操作，即图像裁剪和打标。

（1）图像裁剪：将从网络上获取的初始尺寸各异的图像统一缩放并裁剪成 512px 的正方形。这是因为 SD 预训练模型是基于 512px × 512px 的正方形图像进行训练的，其学习的数十亿张图像均为该尺寸，所以在使用 SD 及其微调模型时，采用 1:1 的正方形比例进行图像裁剪，以确保画面内容的精准呈现。

（2）打标：对图像中的物体进行标注，明确物体的位置和类别，以便模型在训练过程中能够更好地理解图像内容，从而提升模型的准确性和鲁棒性。

那么，这个初始尺寸需要用户手动一张张图像去操作吗？当然不用，Web UI 为用户提供了一系列智能裁剪的功能。打开"后期处理"标签，通常，该标签主要用于图像放大、修复等操作。但在更新到最新版本以后，该标签中会多出一系列非常有用的训练级处理功能。切换到"批量处理文件夹"模式，先在"输入目录"下输入装置训练器图像的文件夹目录，然后在输出目录下设定一个新的文件夹，用于接收处理完的图像。将缩放倍数切换为缩放到宽高，设置为 512px，并勾选"自动面部焦点剪裁"选项。后期处理界面如图 6.12 所示；自动裁剪界面如图 6.13 所示。

图 6.12 后期处理界面

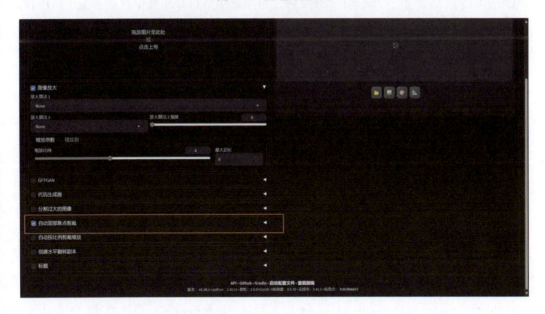

图 6.13 自动裁剪界面

打标用于为每张图像配上相应的文字说明,以便 AI 能够学习图像中的内容。文字说明在训练中通常称为标注,这也是"打标"这一名称的由来。

打标也有自动化的选项。在"预处理"标签的下方有一个"标题"选项,勾选该选项并展开,勾选 BLIP 选项,系统便会智能识别并用自然语言描述画面内容。"预处理"标签界面如图 6.14 所示。

图 6.14 "预处理"标签界面

进行预处理后，稍等片刻，目标文件夹中便会存放已经裁剪好的图像。同时，每张图像旁边都会有一个同名的 txt 文件，可用记事本打开，其中存储着关于该图像的描述信息。

如果这是第一次使用焦点剪裁和打标功能，通常需要下载一个识别模型文件至 Web UI 中的相应位置。

6.2.3 调节训练参数

首先，在第一个标签处新建一个嵌入式模型。用户可以给这个嵌入式模型起一个容易记住的名字，便于后续在提示词中输入这个名字即可调用它。例如，用户可以用汉语拼音 mote 来命名。

然后，初始化文字，下方有一个初始化文字的选项，通常情况下，用户可以保持默认设置不变，也可以将其设置为一个用于描述要植入的训练主体的文字，如"一个穿着皮衣的女人"。

词源向量数需要结合文本编码器的作用来理解。具体来说，就是将初始化文字拆分成最小的 token，每个 token 对应一个嵌入向量。向量数越多，最终描述的图像内容就越复杂。然而，根据笔者的实际测试，这一设置对实际训练效果的影响并不大。一般情况下，将其设置为 1 即可获得不错的效果。如果效果不佳，可以再尝试增大向量数。

最后，单击"创建嵌入式模型"按钮，即可完成嵌入式模型的创建。"创建嵌入式模型"界面如图 6.15 所示。

创建成功的嵌入式模型文件会被放置在 Web UI 根目录下的 Embeddings 文件夹中，与用户从网上下载的其他嵌入式模型存放在一起。目前，它还是一个不包含任何训练数据的空模型。

图 6.15 "创建嵌入式模型"界面

训练的入口在"训练"标签中,如图 6.16 所示。这里的参数众多,但用户只需关注其中一小部分即可。首先,在"嵌入式模型(Embedding)"下拉列表中选择用户刚刚创建的嵌入式模型。如果没有显示,单击右侧的"刷新" 按钮,再展开下拉列表进行选择。

接着,在下方的"数据集目录"文本框中输入刚刚预处理的输出文件夹路径,即存放剪裁和打标好的图像及标注文件的文件夹。为了增强文本生成的作用,Web UI 的开发者提供了一系列提示词模板。这些模板的作用是在向 AI 输入标注信息时,与用户提供的标注文本随机结合,从而强化概念的植入。其中,subject 一般用于训练对象;style 用于训练风格。由于用户要训练的是人物,选择 subject 即可。至于后面的所有选项,都可以保持默认设置不变。训练界面如图 6.16 所示。

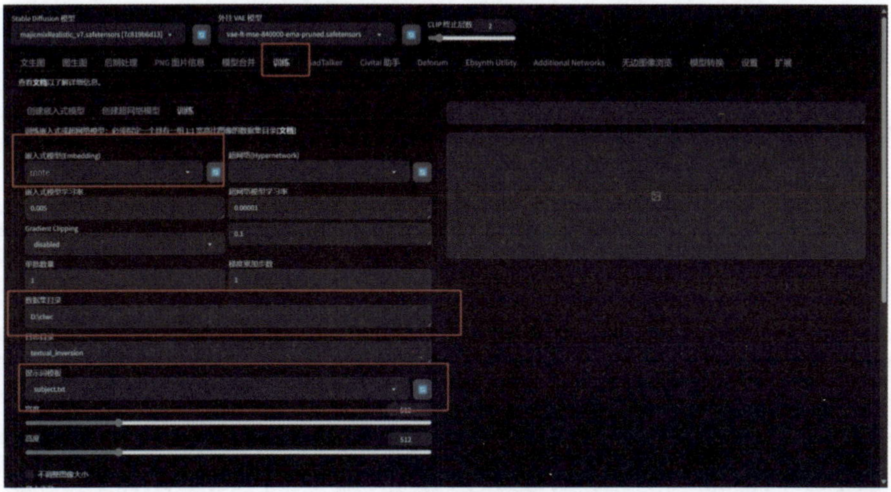

图 6.16 训练界面

最后，还有一步非常重要的操作，即选择训练所使用的底模。由于用户在 Web UI 中进行训练，因此训练底模会默认设置为左上角用户用于出图的 Checkpoint。

在选择底模时，有一个较为普遍的原则：尽可能使用最原始的预训练模型进行微调，这样可以最大限度地保证学习效果与模型的泛用性。在这里，笔者使用 SD 1.5 的官方模型作为底模。模型选择截图如图 6.17 所示。

图 6.17　模型选择截图

单击相应的按钮启动训练，剩下的就是相对漫长的等待了。训练参数界面如图 6.18 所示。

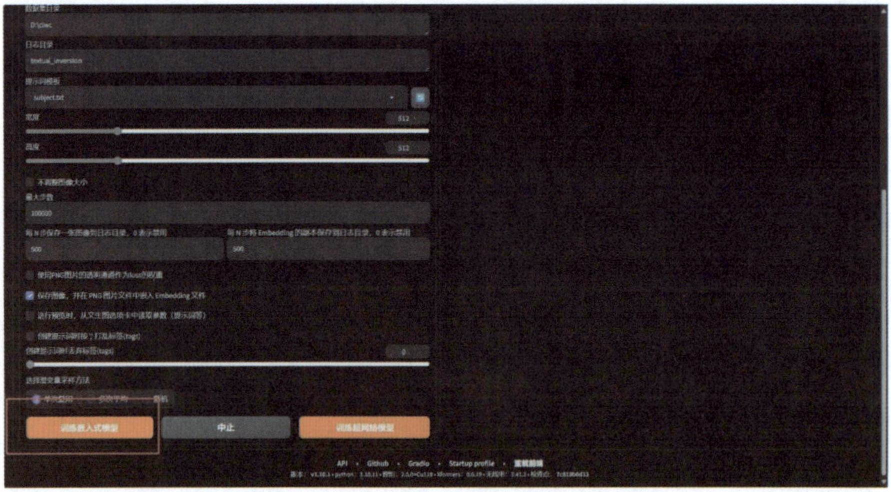

图 6.18　训练参数界面

训练到什么时候可以停止呢？

按照初始设置，训练会在步数达到 10 万步时自然停止。然而，用户通常不必训练这么久。在嵌入式模型的训练中，1 万 ~2 万步通常就足够了。

此外，用户还可以利用实时预览图作为参考标准，如果用户觉得 AI 已经学会了，就可以停止训练了。

这样就可以得到一个训练好的属于自己的模型了。

下面来试用一下。提示词参数界面如图 6.19 所示。

提示词：1girl,jewelry,longhair,earrings,solo,blackhair,looking at viewer,realistic, red,lips,parted,lips,black,eyes,blurry,background,white dress,signature,(**译文**：1 个女孩，

珠宝，长发，耳环，单独，黑发，看着观众，写实，红唇，微张的嘴唇，黑眼睛，背景模糊，白色连衣裙，签名，）

图 6.19 提示词参数界面

AI 生成的训练模型图像如图 6.20 所示。

图 6.20 AI 生成的训练模型图像

由图 6.20 可以看出，用户训练出来的模型无须过多提示词，即可达到预期效果，并且对人脸的控制十分精准，基本没有差异。在模型训练过程中，需要保持足够的耐心与细心，因为哪怕一个参数填写错误，都可能导致浪费数小时的训练时间。

第 7 章

绘画精准控制技巧

SD 被称为最强 AI 绘画工具的主要原因，是它可以承载许多插件，让其发挥了远超于它本身的实力。而且这些插件让它能够更加可控、更加富有新意，成为一个真正的生产力工具。

本章将介绍如何使用 SD 中最为常见的三种插件。

7.1　ControlNet

7.1.1　ControlNet 简介

2023 年 2 月 13 日，一款名为 ControlNet 的 AI 绘画插件问世，它能够通过固定构图、定义姿势和描绘轮廓等方式，仅凭线稿即可生成内容丰富且精致的插画。

这款插件功能强大，几乎无所不能，有人将其视为 AI 绘画领域的革命性突破。

ControlNet 引发轰动的原因在于它解决了 AI 绘画中的控制难题。在扩散模型出现之前，AI 绘画过程充满随机性，对于有具体需求的岗位来说，这种随机性导致的偏差是不可接受的。ControlNet 通过提供明确指引，以降维打击的方式实现了前所未有的控制效果，确保了生成内容的稳定性。

ControlNet 与 LoRA 在作用原理上有相似之处，都是对大扩散模型进行微调的补充网络。其核心作用是基于额外的输入信息，为扩散模型的生成过程提供清晰的指导。

以姿势控制为例，仅通过提示词输入"跳舞"，画面中角色的舞蹈姿势可能多种多样，而 ControlNet 能够基于输入的姿势信息，生成特定的舞蹈姿势，AI 生成的女孩跳舞图像如图 7.1 所示。

图 7.1　AI 生成的女孩跳舞图像

ControlNet 的核心在于：用户可以输入一张包含特定姿势信息的图像来指导它作图。如图 7.2 所示，图像中各种颜色的点线代表了人物的五官、四肢和关节。

ControlNet 搭载了许多与 Checkpoint、LoRA 一样、经大量图像数据训练出来的 ControlNet 控制模型，这些模型能解读图像上的各类信息。因此，AI 能够更精准地理解用户所需的姿势并呈现出来。这与图生图功能相似，它们本质上都是为 AI 提供额外信息，但 ControlNet 所记录的信息更为纯粹。它排除了图像本身元素（如已有颜色线条）的干扰，仅输入姿势这一信息，不会对用户通过提示词、LoRA 等输入的其他信息产生过多影响，这是其精准控制力的重要体现。

图 7.2　姿势骨骼图

当然，这并不意味着用户要自行绘制这样的图像，在 SD 的 ControlNet 扩展中，用户可以借助一系列预处理功能，从图像素材中智能识别并提取相应信息。

7.1.2　安装 ControlNet

笔者推荐的一种安装方式是直接解压压缩包，将 ControlNet 扩展文件夹放进根目录下的 extensions 文件夹中。图 7.3 所示为 extensions 文件夹位置截图；图 7.4 所示为 controlnet 文件夹位置截图。

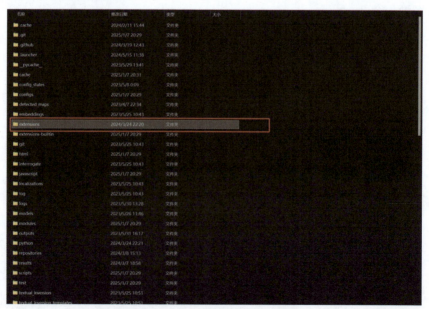

图 7.3　extensions 文件夹位置截图

图 7.4 controlnet 文件夹位置截图

这个压缩包中包含了 ControlNet 1.1 版本的全部代码文件和预处理器。

安装完成后，在扩展选中重新加载 Web UI 界面。

随后，用户便可以在文生图或图生图的标签页中见到 ControlNet 的可折叠选单了。图 7.5 所示为 ControlNet 界面。

图 7.5 ControlNet 界面

但用户还无法立刻使用 ControlNet，就像 Web UI 出图需要 Checkpoint 支持一样，ControlNet 也需要其控制模型才能运行。单个控制模型的大小约为 1.4GB，最新版本共有十几个模型。

在早期接触 ControlNet 时，推荐下载以下应用广泛的控制模型：OpenPose（姿态）、Depth（深度图）、Canny（硬边缘）。

下载模型后，需要将其放置在 ControlNet 文件夹内的 models 文件夹中，其中包含许多以 YAML 为后缀的文件，下载模型时需要将其与同名的 YAML 文件一并下载并复制进来。若提示覆盖，可单击确认。

只需确保每个模型有一个同名 YAML 文件对应即可，否则会报错。图 7.6 所示为 models 文件夹位置截图；图 7.7 所示为模型文件夹截图。

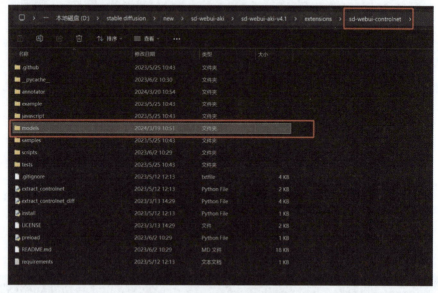

图 7.6　models 文件夹位置截图

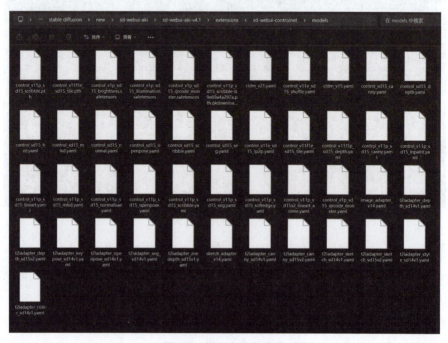

图 7.7　模型文件夹截图

将模型植入以后，像刷新 Checkpoint 一样，刷新一下 ControlNet 中的模型选单。
ControlNet 模型选单界面如图 7.8 所示。

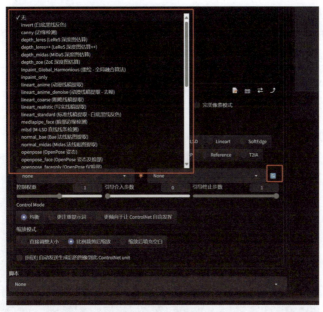

图 7.8 ControlNet 模型选单界面

下面以使用最多的控制模型 OpenPose（姿态）为例，介绍如何使用模块中的功能。

（1）捕捉骨骼图。首先勾选"启用"和"允许预览"复选框，然后选中"OpenPose
（姿态）"单选按钮，再单击下方的"运行 & 预览"按钮，即可自动捕捉骨骼图。单
击右下角的编辑即可对生成的骨骼图进行骨骼修改，帮助用户更好地调整姿势，当
然用户也可以直接上传骨骼图进行修改。图 7.9 所示为设置界面。

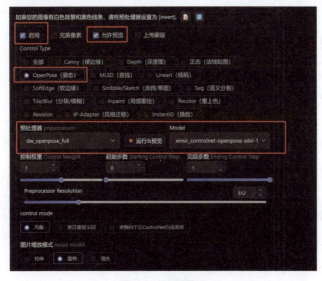

图 7.9 设置界面

在调整参数时，务必注意输入的姿势参考图尺寸，输出图像的尺寸必须与之匹配，否则可能会报错或无法达到预期效果。例如，如果参考图的比例是9:16，那么输出图像也应设置为9:16的比例。

在具体操作时，用户需要在ControlNet的相关设置中，将输出图像的尺寸参数调整为与参考图一致。这样可以确保ControlNet在处理图像时，能够正确地应用参考图中的姿势信息，从而生成符合用户预期的图像。这一细节对于确保ControlNet的正常运行和生成效果至关重要。

（2）上传动作骨骼图。图7.10所示为上传的动作骨骼图。

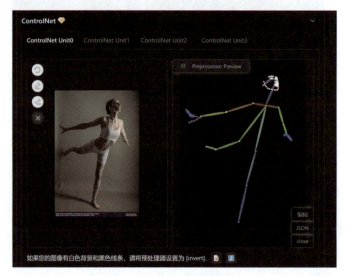

图7.10　上传的动作骨骼图

单击相应按钮生成图像。图7.11所示为AI依靠骨骼图生成的图像。

由图7.11可以看出，生成的图像精准匹配人物姿势，极大地提升了可控性，彻底改变了随机生成的状况。ControlNet作为一种微调工具，不会与其他处理方式（如高清修复、局部重绘、LoRA等）产生冲突。以LoRA为例，用户可以在启用ControlNet的同时加入动漫角色的LoRA模型，从而让角色精准地摆出想要的姿势。

截至目前，用户在文生图中进行了所有操作，但实际上，ControlNet也适用于图生图。用户可以上传一张图像，让ControlNet辅助图生图过程，其作用与在文生图中演示的一致。

图7.11　AI依靠骨骼图生成的图像

ControlNet 更新至 1.1 版本后，总模型数达 14 个，预处理器有 37 种。其中一些模型更具代表性，日常作图中的使用频率也更高，建议优先掌握。熟悉这些模型的使用方法，能够帮助用户更好地触类旁通并灵活运用。

下面探讨第二个控制模型——Depth。与 OpenPose 不同，Depth 主要侧重于场景的描绘与还原，尤其是那些富有空间感的多层次场景。Depth 的含义是深度，用户可以导入一张建筑空间的图像，然后选择任意一个带有 Depth 的预处理器，单击处理后，它会生成一张纯黑白的图像。在这张黑白图像中，颜色代表空间深度：越黑的地方表示离用户越远，越白的地方表示离用户越近。这样一张简单的图像就可以向 AI 完整地传递图像的空间信息，通常称其为深度图。图 7.12 所示为 Depth 设置界面。

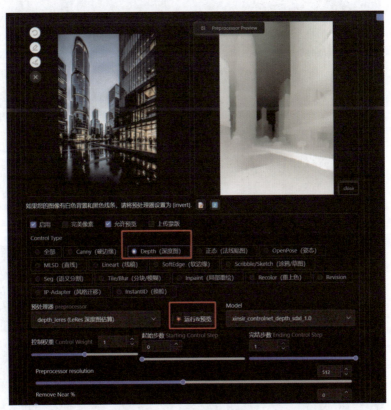

图 7.12　Depth 设置界面

用户可以利用 Depth 还原具有强烈空间感的场景，其效果比直接使用图层图更精准。通过对比可以明显看出，Depth 在空间信息的表达上更为准确。

目前，Depth 模型提供了 4 种预处理器，其中 LeRes 的升级版（带两个加号）效果最为精细，笔者推荐优先使用。不过，这种精细处理需要较长时间。如果用户对精细度要求不高，可以选择其他预处理器。

7.2 Deforum 技术

Deforum 技术插件的出现，让 SD 直接从文生图进化到了视频时代。它可以基于原始帧图像，通过提示词逐步补齐后面每一帧图像，做到一个变换效果，而 AI 界最火的瞬息全宇宙就是通过 Deforum 技术实现的。

与 ControlNet 的安装方法一样，通过下载，将文件夹放置到 models 文件夹中。models 文件夹位置截图如图 7.13 所示，Deforum 文件夹位置截图如图 7.14 所示。

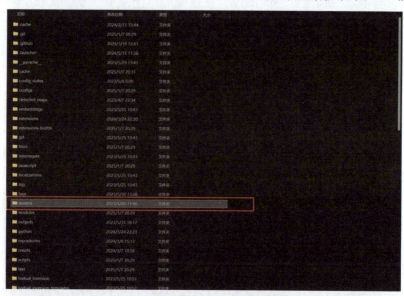

图 7.13　models 文件夹位置截图

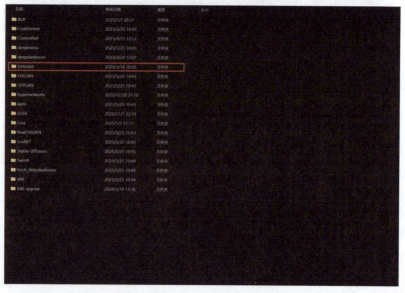

图 7.14　Deforum 文件夹位置截图

打开SD，就可以看见状态栏中有Deforum标签。Deforum技术选项截图如图7.15所示。

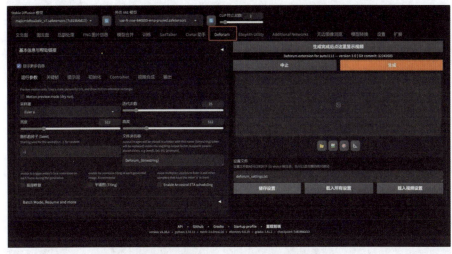

图 7.15　Deforum 技术选项截图

以下是 Deforum 的具体使用步骤。

（1）在"运行参数"选项卡中准确设定"宽度"和"高度"，这将决定初始帧图像的尺寸，后续视频的尺寸也以此为标准。同时，模型的选择也是必不可少的一步。图 7.16 所示为 Deforum 技术运行参数界面。

图 7.16　Deforum 技术运行参数界面

（2）进入关键帧设置，下方的"最大帧数"决定了将要生成的画面帧数。在设置过程中，输出设置同样需要仔细考虑。

例如，当选择最大帧数为 120，FPS（输出帧率）为 30 时，将生成 4 秒的画面。关键帧界面如图 7.17 所示；输出界面如图 7.18 所示。

图 7.17 关键帧界面

图 7.18 输出界面

（3）进入运行参数设置。以下参数的设置将决定画面的最终效果。

1）运动参数：该参数决定了画面的运动方式。若设置为缩放，则画面会相应地放大或缩小。

2）平移参数：该参数包括平移 X 和平移 Y，决定了从第 1 帧开始，画面在水平和垂直方向上的移动。

① 平移 X：例如，在"平移 X"文本框中输入"10:(1)"，表示在第 10 帧时，画面沿 X 轴正方向平移 1 个单位。由于 X 轴正方向对应画面向右移动，因此这一设置会使视频画面向左移动。若希望画面向左移动，则在"平移 X"文本框中输入"10:(–1)"，负号表示反方向。

② 平移 Y：同理，"平移 Y"的设置决定了画面在垂直方向上的移动。需要注意的是，这里的参数输入规则与"平移 X"相同，每个数值需要用英文逗号隔开。

此外，参数设置中还可以输入多个数值，如"10:(1),20:(0.5),40:(0.5)"，这表示在第 10 帧时画面移动 1 个单位，在第 20 帧和第 40 帧时画面各移动 0.5 个单位。

这种多点设置可以实现更复杂的画面移动效果。运行参数界面如图 7.19 所示。

图 7.19　运行参数界面

（4）进入提示词设置。提示词要严格遵循它的样本描述，有一点错误都会导致报错。

提示词的第一行是大括号"{"，第二行空两格开始写。例如，"0"："提示词"这种格式的提示词表示，在第 0 帧时希望出现什么画面。输入每一句提示词后都要用英文逗号隔开，然后另起一行接着书写，与写代码一样。

用户也可以直接按照以下格式填写提示词。提示词界面如图 7.20 所示。

图 7.20　提示词界面

（5）初始化，进入初始化界面，勾选"使用初始化"复选框，初始化的图像就是用户第 1 帧的图像，用户选用什么图像进行变化就上传什么图像，也可以直接在下方的 Init image URL 文本框中输入图像的地址，如 C:\Users\11983\Desktop\121.png。

需要注意的是，这里的格式必须是英文，不能有中文，否则容易报错。初始化界面如图 7.21 所示。

图 7.21　初始化界面

下面在帧插值界面选中 FILM 引擎，即可单击"生成"按钮等待视频生成。帧插值界面如图 7.22 所示。

图 7.22　帧插值界面

用户能看到视频逐步生成的过程，这样可以给出一个大致的判断，如果不满意，则更改参数；如果满意，则可以单击"生成完成后点这里显示视频"按钮观看并保存视频。等待视频生成界面如图 7.23 所示。

图 7.23 等待视频生成界面

7.3 Animate Diff

下载 ComfyUI 软件，解压后会生成一个文件夹。进入该文件夹后，双击最下方的 run_nvidia_gpu 选项来启动软件。

需要注意选择带 nvidia 字样的选项，因为这表示启用用户计算机的显卡；若选择上方不带 nvidia 的选项，则不会启用显卡。图 7.24 所示为 ComfyUI 启动按键截图。

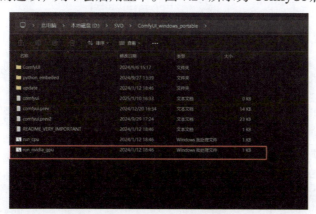

图 7.24 ComfyUI 启动按键截图

进入 ComfyUI 软件后，会自动弹出一个网页界面。在该界面中有一些线条或选项，用户无须进行其他操作，只需单击标注为红框的 Load 按钮，然后选择预设的工作流即可。图 7.25 所示为 ComfyUI 操作界面；图 7.26 所示为工作流选择界面。

　　注意：这些工作流均已预先设置好，用户切勿随意更改。

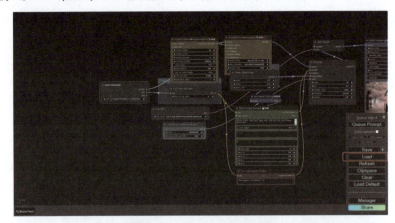

图 7.25　ComfyUI 操作界面

图 7.26　工作流选择界面

选完工作流后，界面会相应地发生变化。图 7.27 所示为完整工作流界面。

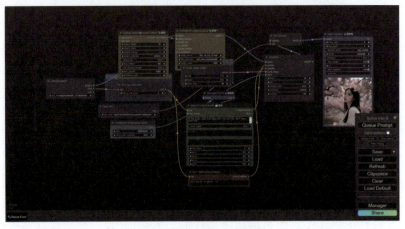

图 7.27　完整工作流界面

完成上述步骤后，正式的操作流程尚未开启。此时，用户必须下载 Animate Diff 模型，并且需要确保将其下载到软件界面下方所标注的 models 文件夹位置。图 7.28 所示为 models 文件夹位置截图；图 7.29 所示为 Animate Diff 模型的文件夹位置截图。

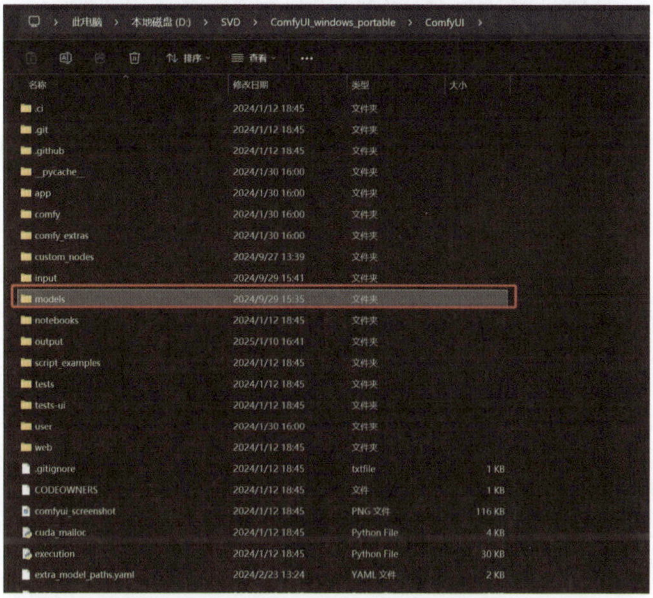

图 7.28　models 文件夹位置截图

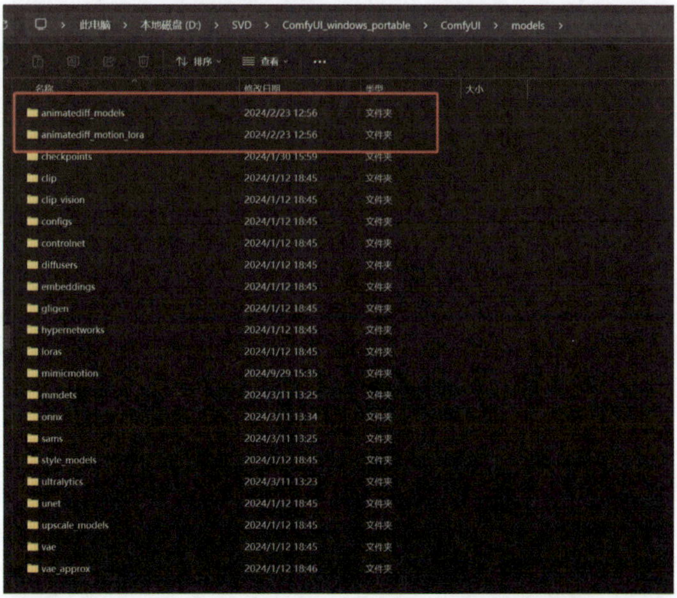

图 7.29　Animate Diff 模型的文件夹位置截图

接下来就可以运行了。进入选择模型界面，单击第一个想要使用的模型。图 7.30 所示为选择模型界面。

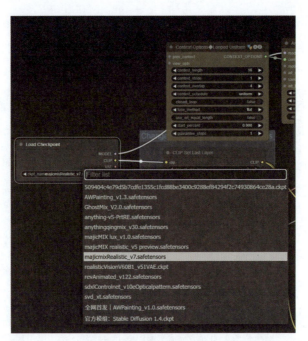

图 7.30　选择模型界面

然后设置宽度（width）和高度（height），如图 7.31 所示。

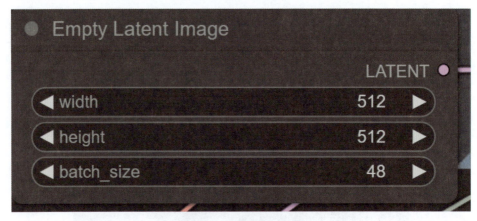

图 7.31　设置宽度和高度

接着，在绿色方框第 1 行中输入提示词，如图 7.32 所示。

注意：这里的提示词输入格式与 Deforum 中的输入格式是一样的，需要以"0"："提示词"的格式输入。例如，输入"10"："提示词"，表示希望在第 10 帧时出现的变化。同样地，每一行提示词后都需要用英文逗号隔开后再另起一行输入。

其他参数建议用户在没有完全掌握之前不要进行设置，因为笔者已经调试完毕，接下来，用户只需单击右下方状态栏中的 Queue Prompt 按钮即可生成视频。图 7.33 所示为右下方状态栏界面。

生成的视频会出现在紫色的 Video Combine 界面中，用户可以进行查看并保存。图 7.34 所示为生成效果界面。

图 7.32　提示词输入界面

图 7.33　右下方状态栏界面

图 7.34　生成效果界面

这样一个具有流畅转场效果的视频就生成了。

以上是一键生成视频的简便流程，若用户期望在视频制作中添加更多具有创意与个性化的效果，笔者将在后续章节中详细讲解每个参数的功能及其设置，以帮助用户实现更多可能性。

8

第 8 章

确保AI人物角色的一致性

在 AI 视频创作领域，创作者常面临一个极为棘手的问题：每次生成的人物形象都不一致。这导致用户在创作过程中只能局限于各类场景的展示，而不敢轻易尝试角色的镜头表达。

因为在视频制作中，主角的塑造是核心环节之一。若角色的外观、性格、行为等方面缺乏连贯性与一致性，观众很可能会感到困惑，难以对角色产生共鸣与代入感。

为了应对这一挑战，一些创作者尝试采用调整 seed（种子）值的方法，希望通过一次性生成所有所需的镜头来确保角色的一致性。然而，虽然这种方法能在一定程度上缓解问题，却并非根本的解决方案。

因此，下文将详细介绍有效解决角色一致性问题的方法。

8.1　角色一致性控制

目前，市面上大多数 AI 文生图软件都具备角色参照功能。

本章将以 Midjourney 为例，详细讲解如何确保视频中的角色保持一致。在此需要说明一点，在制作视频时，非必要情况下不建议使用文生视频功能。因为文生视频具有较多的随机性，用户无法通过语言精确描述一个人的具体长相，且文生视频的风格、光线、色调等元素也难以统一。这不仅会增加后期处理的难度，还可能使观众产生强烈的割裂感。

因此，评判一个 AI 视频生成工具的优劣，并不在于其文生视频的能力，而在于其图生视频的能力。

8.1.1　单人像控制

在选用角色形象时，最好使用 AI 生成的形象，因为用真实照片生成的效果很可能并不理想，这一点在 Midjourney 官网也已作出说明。

单人像控制的具体方法为：使用命令行参数 --cref URL --cw 0~100。参数的格式为：提示词 + 参考图链接 + 参考权重 + 画幅 + 模型 [cref 参考图链接可以是多个但不建议，cw 参考权重为 0~100，cw 为 0 则参考面部特征，cw 为 100 则全身特征（如服饰）统一]。

下面以笔者形象为例。

笔者输入这段提示词后，生成了一个笔者的基础形象。图 8.1 所示为提示词界面。

图 8.1　提示词界面

得到一张笔者的正脸基础形象，如图 8.2 所示。

图 8.2　AI 生成的笔者形象

以此为基准模板，后文生成的笔者形象都使用这张图像作为参照。同理，用户在使用角色参照时也要用同一张图像，这样可以在最大限度上保持角色的一致性。

下面介绍角色一致性的用法。

在提示词中使用 --cref 角色参考指令，只需在正常提示词后面加 --cref+ 空格 + 图像地址（此图像地址可以是在网页中打开的地址，也可以是上传到 Discord 的地址，在 Discord 中单击"上传文件"按钮即可上传，右击文件后，在弹出的快捷菜单中选择"复制消息链接"选项）。图 8.3 所示为上传文件位置截图；图 8.4 所示为提示词截图。

图 8.3　上传文件位置截图

图 8.4　提示词截图

输入命令后生成的笔者形象图如图 8.5 所示。

图 8.5　角色一致性生成的笔者形象

由图 8.5 可以看到，角色基本保持一致，并且根据不同的环境，自动匹配了适合的光线（原角色图为冷色调自然光，而新图因为有沙漠的存在，自动匹配了柔色光，脸上光线阴影也改变了）。这样就将角色固定下来了。

需要注意的是，如果输入的原图只有上半身或脸，则可能无法生成全身图，而且无论如何改变提示词，都只会生成面部。因此，需要将原图进行扩充，重新生成三视图。图 8.6 所示为提示词截图。

图 8.6　提示词截图

得到的结果如图 8.7 所示。

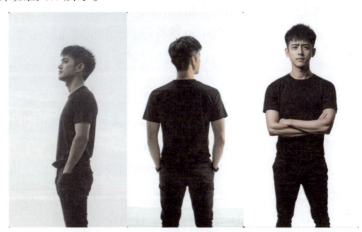

图 8.7　AI 生成的笔者形象三视图

得到角色的三视图后，即可使用不同视角的角色进行垫图，这样可以保证角色的一致性。

当用户想要角色处于不同的场景及穿着不同服饰的情况下，也可以在提示词内直接输入，如图 8.8 所示。

图 8.8　提示词截图

得到的结果如图 8.9 所示。

图 8.9　AI 生成的笔者形象

　　单人像控制的应用非常广泛，它不仅能控制角色形象的一致，还能换衣、模拟衰老，或者模拟角色的变化。例如，角色在战火中受了伤，则只需在提示词中输入相关内容即可。当然，在生成过程中可能需要多次尝试或重复生成，如果要追求更高质量或效率，还需要结合 Photoshop 等其他工具。

8.1.2　群像控制

　　虽然 Midjourney 原则上可以利用角色参考实现多人物参考，但用户在使用 "--cref" 时发现，当场景里有两个人物时，引用 "--cref" 经常只出现一个主角，或者两个长相一模一样的主角。这导致用户在有多人物的场景下无法生成主角。

　　笔者在实验中发现，如果想实现多人物同屏出现，需要用到另一个技巧——局部重绘。下面以双人画面角色一致性的保持为例，详细介绍局部重绘。

　　需求：场景中有两个人对位站立的画面，一个主角和一个配角（主次分明，配角出场也要清晰）。针对这种情况，首先需要准备两个链接：初始图 A［已生成的人物画面（以男主角为主）］链接和单人图 B（配角的单人图）链接。现在的目标是在男主角的正前方增加女主角的画面，即女主角在再次生成图中成为主角，男主角则作为配角出现。

　　具体操作步骤如下。

　　步骤1　将初始图 A 及单人图 B 作为风格（sref）及人物（cref）的参考内容，在提示词中需要注意。

　　描述空间关系，其中视角问题可以略过（风格参考会自带角度），成功输出图，这时会遇到问题：女主角无法保持跟单人图 B 一致（在这里无须纠结，步骤 1 的重点在于确认整个画面的构图，人物可以通过后续重绘解决）。提示词截图如图 8.10 所示。

图 8.10 提示词截图

得到的初始图（这时用户会发现，即使输入了女生提示词，还是出现了两个男生）如图 8.11 所示。

图 8.11 AI 生成的双人物图

女主角画像 B 如图 8.12 所示。

图 8.12 女主角画像 B

步骤2 在 Midjourney 官网生成界面中单击 "Editor 编辑" 按钮，之后会在右下角出现 Open in Full Editor 选项，单击此选项以在完整编辑器中打开图像。图 8.13 所示为 "Editor 编辑" 按钮位置。

图 8.13 "Editor 编辑" 按钮位置

涂抹需要替换的人物形象，如图 8.14 所示。

图 8.14 涂抹需要替换的人物形象

步骤3 上传女主角画像 B。拖入女主角画像 B 后，单击，生成的两张图像都出现在提示词框内，如图 8.15 所示。

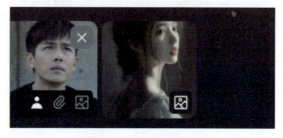

图 8.15 两张人物图框

删去男主角后保留女主角，选择人形小图标（角色参考）。改动提示词以女生为主（也可以不改，效果影响不大），将角色参考设置为女主角画像 B。提示词截图如图 8.16 所示。单击"Submit Edit 提交编辑"按钮，生成的效果图如图 8.17 所示。

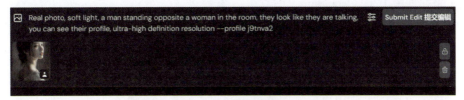

图 8.16　提示词截图

图 8.17　AI 生成的效果图

重绘后的图像已基本符合要求，并且以侧面视角呈现。在图像中右击，在弹出的快捷菜单中选择"保存"选项。在重绘过程中，用户可能需要多次尝试才能生成较为合适的效果。如果出现细节问题，如多出一个耳环，可以在保存图像后，使用 Photoshop 等工具进行微调。

需要注意的是，重绘后的人物形象会根据初始图上涂抹的人物进行调整。如果初始图中的人物是侧面的，则重绘后的人物也将是侧面的。如果需要正面的人物形象，则需要先改变初始图中的人物样式。

对于群像的生成，可以按照上述三步重复操作。虽然这种方法能够实现预期效果，但若追求更高的效率，也可以考虑使用 Photoshop 或其他工具进行部分调整，而不必完全依赖纯 AI 处理。

如果坚持使用 Midjourney 来实现群像控制和空间深度控制，则通过"sref+cref+局部重绘"的组合方法，配合不断练习和刷新及足够的耐心，可以达到 99% 的满意度。

8.2 动作肢体参照

在控制人物姿势或动作时，用户最初通常通过提示词进行控制，如 sitting on the floor（坐在地板上）或 standing（站立）。

然而，对于一些更细致或特定的姿势或动作，如交叉手臂或跷起一只脚，用户不易直观地通过提示词来实现精准控制。

在这种情况下，AI 处理这类描述可能会产生较大的随机性，导致生成的结果不符合预期。这可能需要用户反复调整提示词，或者利用涂鸦工具一点点地手动调整，以达到理想的效果。

有两款软件可以实现肢体动作参照功能：即梦 AI 和 SD。

即梦 AI 的优点是简单方便，不需要复杂的操作和部署；缺点则为生成效果有限，且无法更换模型导致可控性变差。下面介绍如何使用即梦 AI 的参考人物姿势功能。

（1）进入即梦 AI 文生图页面，在提示词下方有一个导入参考图。图 8.18 所示为即梦 AI 右侧状态栏截图。

（2）单击"导入参考图"按钮，选择需要参考的人物姿势图像，可以生成一张或者在网上找一张符合心理预期的同姿势图像；选中"人物姿势"单选按钮，会自动识别人物骨骼图，然后单击"保存"按钮。参考图设置界面如图 8.19 所示。

图 8.18　即梦 AI 右侧状态栏截图

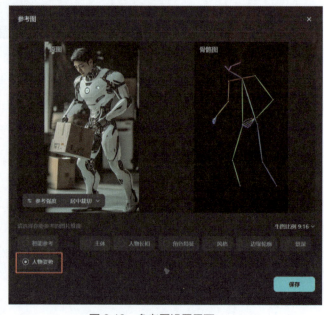

图 8.19　参考图设置界面

（3）输入提示词（即梦 AI 的提示词可以是中文），单击生成 4 张图像，如图 8.20 所示。

图 8.20　图像生成界面

从图 8.20 中的生成结果来看，人物角色的姿势已契合参考图，经多次尝试后可选定合适的图像。然而，受单一模型限制，形象、场景、画风等要素难以固定，此时需要借助 SD 实现高精度控制。

SD 的 ControlNet 插件中，OpenPose 功能强大，可用于姿势控制。它借助彩色火柴人般的骨骼关节定位来调控人物姿势。

为了获取理想姿势，用户可以从网上下载他人制作的骨骼 pose 图像，通过搜索 pose 找到相关图像文件，再导入 ControlNet。例如，找到一张跳舞人物姿势图，将其上传至 ControlNet。ControlNet 界面如图 8.21 所示。

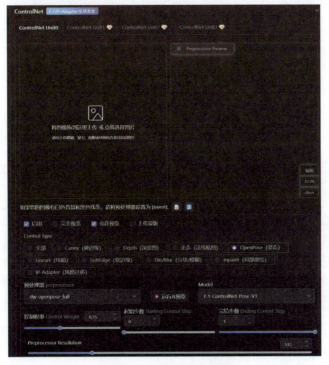

图 8.21　ControlNet 界面

选中"OpenPose（姿态）"单选按钮，再单击下方的"运行＆预览"按钮，系统将自动捕捉骨骼图。

如果需要进一步调整，可以单击生成的骨骼图右下角的"编辑"按钮，修改骨骼结构，这有助于更精准地调整人物姿势。当然，用户也可以直接上传已准备好的骨骼图进行调整。导入骨骼图界面如图 8.22 所示。

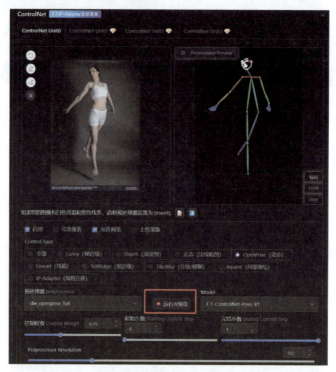

图 8.22　导入骨骼图界面

输入提示词：Real photo,soft light,a 30-year-old Chinese woman dancing in the room（译文：真实照片，柔和的光线，一个 30 岁的中国女人正在房间里跳舞），如图 8.23 所示。

图 8.23　提示词界面

调整相关参数时，需要注意输入的姿势参考图尺寸，输出图像的尺寸应与其保持一致，否则容易出现报错或效果不佳的情况。例如，若参考图尺寸为 9:16，则输出图像也应设置为 9:16。参数设置界面如图 8.24 所示。

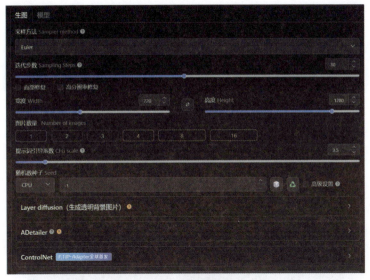

图 8.24　参数设置界面

单击"生成"按钮后，就得到了一张符合姿势的图片（与原姿势对比），如图 8.25 所示。

图 8.25　姿势对比图

在使用 SD 的 ControlNet 功能时，一个显著的优势在于，既能控制人物姿势，还能保证人物的一致性。在实际操作中，用户可以通过专门的 Checkpoint 模型或 LoRA 模型来实现这一效果，还可以根据自己的需求选择或训练属于自己的 LoRA 模型，也可以从各类专业网站中寻找适合的 LoRA 模型进行应用。

下面以"黑神话·悟空"LoRA 为例，介绍 LoRA 模型的用法。

导入一张姿势参考图，操作步骤同前方所述。参数设置界面如图 8.26 所示。

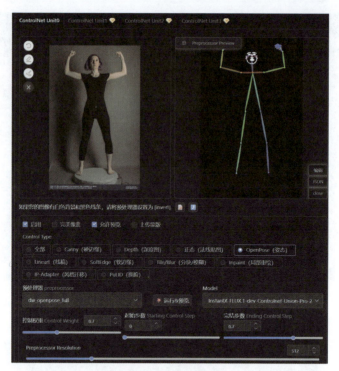

图 8.26　参数设置界面

单击输出后，得到一个举着手臂的悟空。姿势对比图如图 8.27 所示。

图 8.27　姿势对比图

总体来看，如果追求简便快捷的人物姿势控制，可以选择即梦 AI；如果对效果有更高要求，则适合采用 SD。

然而，需要注意的是，AI 处理可能存在一定偏差。此时，用户可以通过调整权重设置进行多次尝试，并结合使用一些提示词，使生成结果尽可能贴近预期效果。

第 9 章

Deforum终极宝典: 调出"瞬息全宇宙"
同款酷炫特效

大多数用户可能对 Deforum 不太熟悉，但可能在网上看过它制作的作品。

Deforum 是一款基于 SD 开发的 AI 动画制作工具，能够根据特定画面自动生成动态变化效果，从而生成梦幻而艺术化的动画视频。它通过图像到图像的功能，对帧进行细微改变，从而创建出具有连续性的视频。

在生成视频的过程中，Deforum 保留了 AI 视频生成的随机性，使得作品具有独特的 AI 风格。图 9.1 所示为 Deforum 视频效果展示图。

图 9.1　Deforum 视频效果展示图

像这种基于一个特定画面开始变化和演化、生成各种富有想象力内容的形式，曾多次引爆了短视频平台，并以一系列脍炙人口的别名，如"无限穿越""瞬息全宇宙"等广为人知。

Deforum 是一个基于 SD 开发的短视频生成项目，完全免费开源。国内外的视频创作者利用它制作了各种千万级的爆款视频，使其成为今天讨论 AI 视频创作时绕不开的一个工具。

可以说，Deforum 在 AI 视频生成领域中独树一帜。在大部分项目致力解决视频的一致性和连贯性时，Deforum 保留了 AI 生成视频的一部分独特性，利用其跳跃多变的特点，创造了很多富有艺术感的作品。很多知名品牌的广告里也出现过 Deforum 的身影。

前面章节中已经讲解了安装 Deforum 的具体操作方法，以及简单的运行方法，这里不再赘述。本章将详细讲解每一个参数的应用及其设置。

9.1 提示词与关键帧

Deforum 内置功能丰富，参数复杂，其核心理念是通过参数调控，实现画面的动态变化与演化。对观众而言，Deforum 视频的最大魅力在于"变化"。从一个画面到另一个画面，从一种元素到另一种元素，这种奇妙的转换效果是其标志性特征。

首先，设计三个不同的画面，它们可以毫无关联、完全天马行空；然后，将这些画面用文字描述出来，形成三段独立的提示词。

打开 Deforum 的提示词标签，默认显示四行提示词格式，每行由一个数字和一串用引号引起来的提示词组成。接下来，将刚创作的三段提示词分别替换到前三行的引号内。

需要注意的是，第四行需要删除，同时去掉第三行末尾的小括号。下方的两个输入框分别是通用的正向提示词和反向提示词区域。在这两个输入框中可以输入一些常用的提示词来把控生成质量，如 best quality masterpiece，同时也可以添加一些常用的负面词嵌入，以避免生成不想要的内容。图 9.2 所示为提示词界面。

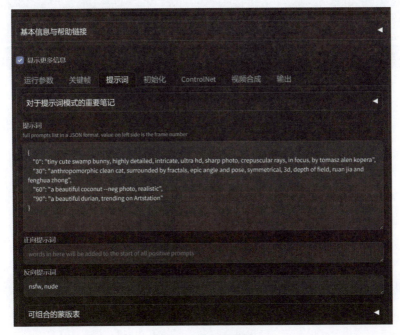

图 9.2　提示词界面

绘制参数的设置方法如下：在第一个运行框内，所设定的尺寸即为最终生成的视频尺寸。先将基本尺寸设定为 512px，其余的采样参数与文生图中的含义相同。

大模型会依据 Web UI 左上角的设置来确定。图 9.3 所示为运行参数设置界面。

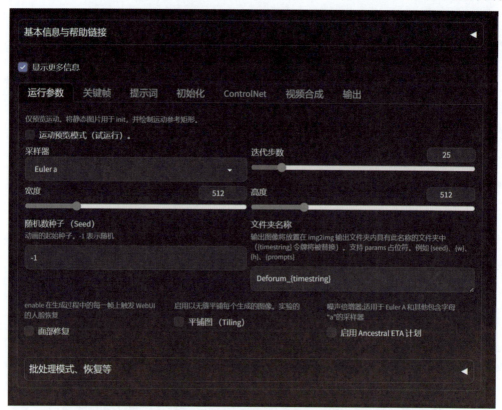

图 9.3　运行参数设置界面

另外，也存在一些专属的视频生成参数，通常无须调节。这些参数位于相邻的"关键帧"标签中。在"关键帧"标签中，用户需要完成以下三项操作。

（1）将"缩放参数"文本框中的公式更改为"0 : (1.03)"。

（2）在"平移 Y"数值后添加一个英文逗号，随后按照相似的格式输入相应内容。

（3）返回顶部，将视频的"最大帧数"设置为 90。

最大帧数决定了视频由多少帧静态画面组成。若要换算成秒数，需要查看"输出"标签中顶部的 FPS，这里设置为 15，代表每秒 15 帧。由此计算，90 帧即为 6 秒的视频。

下方的大部分输出参数通常可以保持默认设置不变。图 9.4 所示为"关键帧"标签界面；图 9.5 所示为"输出"标签界面。

手把手教你做AI大片

图 9.4　"关键帧"标签界面

图 9.5　"输出"标签界面

　　若用户希望提升视频的流畅度,可以在设置界面底部找到"帧插值"选项,将"引擎"从"无"改为 FILM,随后单击"生成"按钮,等待 Deforum 视频生成。

　　按照默认参数,所需时间约等于常规绘制 45 张图像的时间。

　　在视频生成过程中,右侧会依次显示每一帧的缩略图,命令行将持续反馈每帧的绘制信息。视频生成后,右侧仅展示静态图像,需要单击上方的大按钮以打开视频预览。

至此，一个充满奇幻变化的 Deforum 视频便制作完成。图 9.6 所示为"帧插值"选项界面。

图 9.6　"帧插值"选项界面

下面基于上述案例，总结一下 Deforum 制作视频的基本模式。

首先，依据输入的分段提示词设置视频绘制内容，每行代表一个时间段的绘制内容，以实现内容的不断切换；然后，每生成一帧图像，就会根据预设的运动参数进行轻微变换，如放大后重新输入，配合新提示词生成下一帧图像；这样重复此过程 45 次，最后得到一个不断放大且幻化出不同形象的视频。

掌握了 Deforum 制作视频的基本模式后，接下来介绍其他各项功能参数的设置。

Deforum 的核心功能板块中直接影响视频内容的是提示词和关键帧这两个参数。

首先是提示词的设置。正如前面所介绍的，提示词的格式用于给不同的提示词分段。最前面的数字表示该提示词从多少帧开始生效，直至下一行开头的帧数结束。默认每 30 帧切换一个画面，将 120 帧的视频分为 4 段。下方的正向提示词和负向提示词将默认应用于每一次生成过程。若想对某一段特别应用反向提示词，可以在该段提示词后添加 negative 标识及专属负向提示词。

用户可以按此格式自由设计每个分镜的内容，提示词的间隔不必相等，写几段均可，包括只有一段的情况。此时，AI 会从头到尾按这一段生成图像。

但需要注意的是，格式必须与预设保持严格一致，因为本质上这是一种编程中的 JSON 脚本，语法规则错误就会报错。图 9.7 所示为报错提示界面。

图 9.7　报错提示界面

若出现报错信息，请立即检查每行提示词的结尾，确保除最后一行外，每行提示词末尾都有一个半角逗号。若不确定很长的提示词中哪里出错，可将其复制到 JSON 校验工具中，该工具会指出错误的大致位置，以便用户进行修改。

接下来是关键帧参数的设置。

设置"最大帧数"参数：最初的设置是 90 帧，为什么绘制了 45 张图呢？

这是因为设置了一个"生成间隔"参数，即每间隔 x 帧生成一帧。这不仅会影响生成速度和实际需要生成的帧数（等于"最大帧数"除以"生成间隔"），还会在一定程度上影响视频的观感。"生成间隔"值过高会导致画面出现迟滞感，过低则会使画面闪烁频繁，影响观看体验。

笔者推荐的"生成间隔"值为 2~3，再搭配 Deforum 自带的帧插值功能，可以兼顾绘制速度与视频流畅性。

接下来设置"强度"参数，即上一帧对下一帧的影响强度。它类似于图生图中的重绘幅度，但作用相反。影响强度越大，下一帧就越接近上一帧；反之，则越不同。笔者更倾向于将其称为"锁定画面的强度"。

如果用户追求画面的连续流畅性，可以尝试设置为 0.7~0.8 的高强度；如果更看重画面的迷幻多样性，则可以尝试设置为 0.3~0.5 的低强度。图 9.8 所示为关键帧参数设置界面。

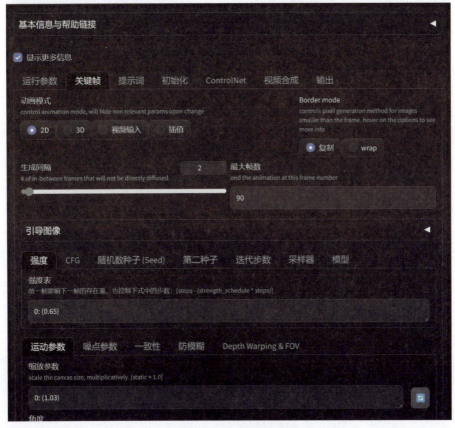

图 9.8　关键帧参数设置界面

9.2 运动参数详细剖析

运动参数是 Deforum 中极为关键的部分，负责管理视频的运镜过程。图 9.9 所示为运动参数设置界面。

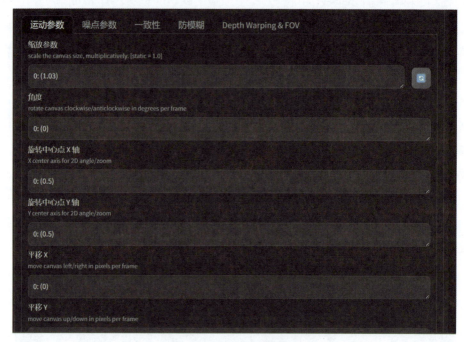

图 9.9　运动参数设置界面

Deforum 中的动画生存模式分为四种（即 2D、3D、视频输入和插值），通过参数设置驱动的是前两种，并且每种模式下的参数略有不同。在 2D 模式中，相对容易理解的是"缩放参数"。该参数中填写的数值表示每帧相对于上一帧放大的倍数。例如，若设置为 1.03，则表示每帧相对于前一帧放大 1.03 倍；若设置为小于 1 的值，则画面会逐渐缩小。

除了"缩放参数"，2D 模式下还有其他重要的运动参数。[例如，平移参数（包括"平移 X"和"平移 Y"）用于控制画面在 X 轴和 Y 轴方向上的移动，正值表示向右或向上移动，负值则表示向左或向下移动；"角度"参数则控制画面的旋转，正值为逆时针旋转，负值为顺时针旋转。这些参数共同作用，实现复杂多样的运镜效果。]

在实际操作中，这些参数的设置需要根据具体需求和预期效果进行调整。例如，如果希望视频具有流畅的过渡效果，可以适当减小"缩放参数"和平移参数的数值；若追求强烈的视觉冲击和快速的变化，则可以增大这些数值。同时，结合 Deforum 的其他功能和参数，如图生图、重绘强度等，可以创造出更加丰富多样的视频内容。

前面提到的默认设置涉及一个与帧数相关的数学函数。如果觉得理解起来有难度，不妨从一个具体的数值入手。例如，前面设置的"缩放参数"为 1.03，虽然数值较小，但由于每帧都会应用一次，累积的运动幅度会相当可观；如果要实现将画面缩小的效果，则只需设置一个小于 1 的数值即可，如 0.98。

"角度"参数同样容易理解。填入的数值代表每秒旋转的度数，可根据帧率计算出最终的运动方式。例如，若设置为 1 度且视频的帧率为每秒 15 帧，那么每秒画面将旋转 15 度。图 9.10 所示为角度设置界面。

图 9.10　角度设置界面

"角度"参数为正值表示逆时针旋转，为负值表示顺时针旋转，默认旋转中心位于画面中央。用户可以手动调节旋转中心，其坐标以相对于画布宽和高的比例表示。

理论上，通过二维参数可以完成大多数画面的变换效果。图 9.11 所示为二维参数设置界面。

图 9.11　二维参数设置界面

虽然二维变换简便，但可能使画面显得过于单调。此时，可以切换到 3D 模式，调用 3D 参数，实现真正的三维空间运镜。

需要注意的是，首次使用 3D 模式时，需要下载一个约 1.3GB 的 3D 推理模型至模型文件夹的指定位置。如果通过 SD 直接下载失败，也可以手动下载并放置到对应位置。

三维空间中运动方式的定义与二维平面不同，三维空间增加了一个 Z 轴，用于控制画面在前后方向上的距离。

如果用户有三维软件操作经验，会更容易理解这些概念。在 3D 模式下，平移 X、平移 Y 与二维平面中的操作相同；而缩放则被转换为 Z 轴的平移数值，正值表示画面往前拉近，负值表示画面往后拉远。此外，旋转在 3D 模式中被转换为绕某一个坐标轴的翻转。图 9.12 所示为三维参数设置界面。

图 9.12　三维参数设置界面

除了平移和旋转，还有一种运动方式是透视翻转。透视翻转利用二维变形手段模拟三维视角变化，但效果可能略显僵硬。其呈现方式受下面消失点数字的影响，但通常建议保持默认，以获得较为正常的效果。

与提示词一样，这些数值前都有个"0:"用于进行分段控制。

当帧数达到一定值后，可以换一种运动方式。用刚才输入的数值控制视频的 Y 轴位移，以实现变速效果。例如，让 Deforum 绘制一个 80 帧的画面，前半部分设置 X 轴为正值，后半部分归 0，同时从第 40 帧开始设置 Y 轴为正值，这样就能实现 Deforum 画面的转向运动，这在 Deforum 中称为关键帧。

运动的关键帧可以与提示词的关键帧搭配使用，在切换运动方式的同时切换画面，从而实现神奇的转换效果。

设置关键帧后，数值会从一个值线性过渡到另一个值，使转变自然不突兀。另外，不仅运动参数可以被关键帧操控，任何以类似形式表示的参数都可以，如强度、CFG、随机种子，甚至是迭代步数、采用方法、模型名等。

若想更具创意，还可以让动画前半段用一个模型，后半段用另一个模型，实现画风的无缝切换。

9.3　初始化玩法

通过前面章节的学习可知，作品中那些复杂的空间运镜其实是由一系列独立的运动数值变化所支撑的。

读者或许会好奇：如何从视频一开始定格的那帧画面启动变化？这要归功于Deforum中一个绝妙的隐藏功能——初始化。其基础功能是"图像初始化"，即上传一张图像作为演化的第一帧。若要实现类似片头的效果，只需暂停视频播放并截取静态画面，然后导入初始化图像框，并依图像尺寸设置参数即可。

"图像初始化"选项卡中的"强度"值决定了首次重绘对初始图像的改变程度，建议设置为0.6~0.8。填好运动参数和提示词后，Deforum便会以这张图像为起点，生成后续画面。图9.13所示为初始化界面。

图 9.13　初始化界面

将Deforum生成的视频导出后再拼接回原始视频中，这样片头部分的爆款视频效果就完成了。

图像初始化使Deforum与常规视频、图像之间的交互变得富有创意，也由此衍生了许多有趣的玩法。其中一种玩法是利用Deforum精确呈现特定形象，如logo。

"图像初始化"的操作方法如下：

（1）在"图像初始化"界面中导入一张logo图像。

（2）生成一个Deforum视频，其中的logo逐渐变形为各种奇特形象。

虽然单独观看这个视频时，变化似乎并不明显，但把这个动画放入剪辑软件中，将视频片段倒放，并在最后面加上初始化图像，再添加一些小特效，就能得到一个出人意料、富有创意的片头logo生成动画。图9.14所示为片头动画展示图。

图 9.14　片头动画展示图

　　除了"图像初始化"，Deforum 还提供了其他几种初始化选项，如"蒙版初始化"。这一功能可以严格限定画面中 Deforum 作用的范围。

　　"蒙版初始化"的操作方法如下：

　　（1）利用文生图功能生成一张主体清晰的人像图。

　　（2）抠取人像部分作为蒙版，这一步可以通过手动在设计软件中操作完成，也可以借助之前提到的 remove background 扩展来实现。

　　在将原图导入作为初始化图像的同时，在相应标签中上传蒙版图像，并设置与蒙版重绘相关的各项参数。此时，人像部分应为黑色，背景为白色。如果颜色恰好相反，则需要勾选"反转蒙版"复选框。图 9.15 所示为蒙版初始化界面。

图 9.15　蒙版初始化界面

完成上述步骤后，单击"生成"按钮，即可实现人像部分保持不动而背景发生变化的效果。

另一个重要的功能是"视频初始化"，它可以在 Deforum 中实现另一种形式的视频转绘。图 9.16 所示为视频初始化界面。

图 9.16　视频初始化界面

"视频初始化"的操作方法如下：

（1）复制目标视频的路径并填入视频初始化的路径框中。

（2）设置相关参数，分别指定从视频的第几帧开始和提取第几帧，如果需要处理整段视频，则分别设置为 0 和 −1；设置每 n 帧提取一次，此处设置为 2。

（3）通过编写提示词，即可生成一个视频转绘效果。

注意：启用视频初始化时，需要配合开启关键帧中的"视频输入"选项。开启该选项后，所有运动参数会被隐藏，帧数将与视频同步。

第 10 章

亿级播放AI丝滑动画：AnimateDiff 一键出片流程

市面上除了现有的 AI 视频生成工具，还有许多开源且免费的工具，能够帮助用户实现各种创意。其中，基于 SD 演化的 AnimateDiff 是一个在过去一段时间里备受欢迎的 AI 动画生成项目。它持续进化，催生了不少创新应用，笔者认为是用户一定要掌握的工具。

我们早已熟知 AI 能够制作动画，但在过去，制作 AI 动画的主要思路，无论是早期的 Mov2Mov 应用，还是后来加入 TemporalKit、EbSynth 工具的进阶工作流，本质上都是将连贯的视频拆分成单独帧，再利用扩散模型重绘。这种逐帧转换的动态内容生成方式存在许多缺陷，如闪烁严重、耗时漫长。然而，这些单独帧中所包含的元素运动是有规律和前后关联的。

AnimateDiff 针对视频片段进行训练，通过让 AI 学习不同类型视频的运动方式训练出一个运动模块，能够一次性生成一系列运动帧，因此其生成的内容比以往各种方法都要流畅自然。而且，由于这个模块独立于基础模型，它可以被附加到任何大模型上参与生成，相当于让每个 SD 模型都进化成视频模型。这使 AnimateDiff 受到广泛欢迎，并催生出丰富的创作应用形式。

后来，许多开发者为 AnimateDiff 制作了更易使用的载体，如 Web UI 中的扩展插件、ComfyUI 中的功能节点和工作流。这里以大部分人更熟悉的 Web UI 扩展为例进行示范。

AnimateDiff 目前可实现的功能包括文字生成视频、单独生成视频、视频转视频等。另外，借助各种手段，还能精准控制视频的运镜、缩放，乃至制作奇幻的变换演化效果。

AnimateDiff 的配置门槛并不算高。在无优化的情况下，使用 Web UI 中的 AnimateDiff 扩展，可能需要 12GB 的显存；但对于 N 卡用户，开启 xformers 后能显著优化显存占用，最低只需 5GB 即可运行。

根据笔者的使用体验，有 8GB 左右的显存会更安全。如果显存不足，可以通过调节一些参数来优化体验，这将在后续内容中提到。

接下来，从 Web UI 开始，介绍 AnimateDiff 的基本运作方式。

10.1　安装与基本操作

在 Web UI 中安装 AnimateDiff 扩展的方法如下：在 Web UI 的扩展界面中单击"从列表安装"按钮，在搜索框中输入 AnimateDiff，找到相应扩展后单击"安装"按钮。为了确保能充分调用 AnimateDiff 的所有功能，还需要安装另外两个扩展：ControlNet 和 Deforum。ControlNet 是标配扩展，而 Deforum 则是因为 AnimateDiff 的开发者写了一个调用它来插帧的功能。这样可以让用户在使用 AnimateDiff 时，能够充分利用这两个扩展的功能，实现更丰富的动画效果。图10.1所示为扩展界面。

图 10.1　扩展界面

安装完成后，重启Web UI，就可以在界面中看到并使用AnimateDiff插件了。

在使用AnimateDiff时，需要配备一系列运动模块及功能性LoRA，至少要下载一个核心运动模块。笔者推荐选择最新的V3版本模型。

运动模块下载完成后，需要将其放置于该扩展文件夹的model目录下，以便于后续使用。图10.2所示为model文件夹位置截图；图10.3所示为AnimateDiff文件夹位置截图。

安装完扩展后，重启Web UI，在Web UI的设置里针对一系列优化选项进行修改。

首先，在AnimateDiff插件的设置选项中，确保勾选两个优化项，并且同时选中"使用xformers优化注意力层"单选按钮；然后，在Web UI自带的"优化设置"选项中，勾选"补齐正向/反向提示词到相同长度"复选框。

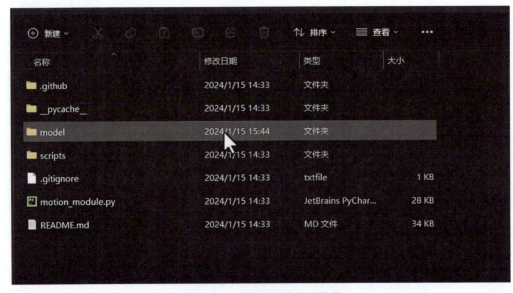

图 10.2　model 文件夹位置截图

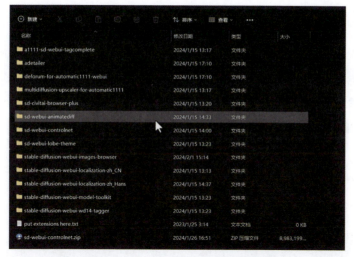

图 10.3　AnimateDiff 文件夹位置截图

图 10.4 所示为 Web UI 界面；图 10.5 所示为 Web UI 设置界面。

所有这些工作都准备完毕，就可以开始体验 AnimateDiff 的乐趣了。

图 10.4　Web UI 界面

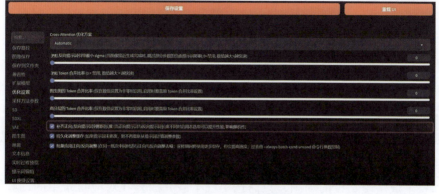

图 10.5　Web UI 设置界面

10.2 功能参数详细剖析

下面先从一种最简单的操作开始实践：使用提示词直接生成一个动画。

进入文生图界面，在 Web UI 的生成界面下方，单击展开 AnimateDiff 选框，可以选择调节参数。图 10.6 所示为 AnimateDiff 选项界面；图 10.7 所示为参数设置界面。

图 10.6　AnimateDiff 选项界面

图 10.7　参数设置界面

在生成动画或视频之前，先按日常文生图的步骤，摸索模型参数、采样器等设置。

需要注意的是，在写提示词时，正向提示词和负向提示词都尽量控制在 75 个词以内，否则可能因 SD 的绘制机制导致前后动画不一致。

当得到一张接近需要效果的静态图像后，可以固定包括随机种子在内的各项参数。但要注意，由于绘制逻辑，最终生成的动画效果可能与这张图像不完全相同，因此这个阶段的绘制效果只能作为一个参考。

如果用户对生成的图像满意并希望其可以动起来，可以将其保存，然后按照图生视频的流程操作。展开 AnimateDiff 选框并勾选"启用 AnimateDiff"复选框。

如要生成一个 2 秒的动画，只需选中已下载并放置在对应目录中的动画模块，然后在"总帧数"输入框中输入 16 即可。

这里有一系列"保存格式"选项，若想快速预览效果，推荐保存为 GIF 动图格式，并取消勾选 PNG 选项，否则会在生成动画的同时单独保存每一帧的图像，这不仅占用空间，还会拖慢导出进度。图 10.8 所示为帧数设置界面。至此，所有设置已完成。

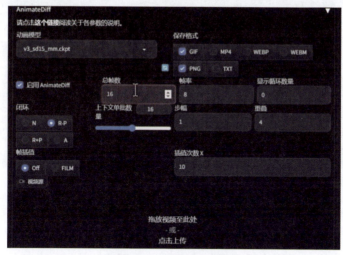

图 10.8　帧数设置界面

单击"生成"按钮，若设置无误，系统将开始显示绘制进度，用户可以通过实时预览的缩略图，看到其依据运动推理方法生成的一系列连续且相似的动画帧。

若显存充足，生成时间将接近 Web UI 连续绘制 16 张图像所需的时间。

生成完毕，扩展会将这些帧拼合，形成一张动画动图。

10.3　进阶创作玩法

除了使用提示词，用户还可以通过一张图像来生成一段动画，简单来说，就是让一张图像动起来。

在图生图的操作区域，导入一张用户喜欢的图像到重绘区域。然后，设置各项绘制参数和 AnimateDiff 中的参数。图 10.9 所示为图生图界面；图 10.10 所示为参数设置界面。

图 10.9　图生图界面

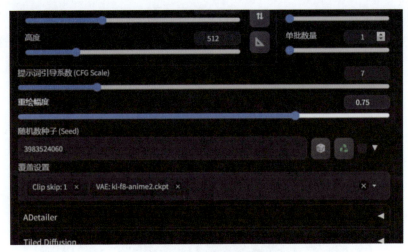

图 10.10　参数设置界面

为确保动画风格与原图一致，应选择一个风格相近的大模型，同时绘制的重绘幅度不能太低，一般推荐在默认值以上。

此外，可以在提示词中适当添加一些描述画面特征的词，尤其是涉及运动和变化的部分。单击"生成"按钮，即可将导入的图像动画化。

通常，用户可以先在文生图里绘制自己想要的图像，再将其发送到图生图里进行以上流程操作。

除了 AI 化的图像，真实照片风格的图像也可以用于生成动画。

但在当前版本中，这种从图像生成动画的操作存在一个问题：生成的动画可能与原图不太相似。这是因为导入的图像会先经过 SD 的图生图处理，然后通过 Anima-teDiff 制作动画。而且动画越到后面，越容易变得不像原图，因为 AnimateDiff 会随着时间推移向图像添加噪声以促成运动。图 10.11 所示为视频路径设置界面。

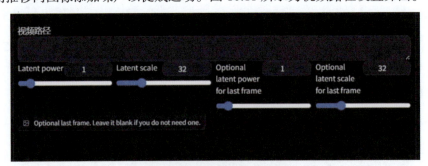

图 10.11　视频路径设置界面

那么，如何控制生成的动画使其更像原图呢？

降低重绘幅度可能是一个方法，但根据笔者的实验，当重绘幅度低于 0.6 时，会出现类似雪花的点，影响观感。

在文生图中，AnimateDiff 多出了两个参数，即 Latent power 和 Latent scale。这两个参数可以控制动画基于原图变化的幅度。具体来说，power 值越小且 scale 值越大，动画基于原图像变化的幅度就会越小；反之，变化幅度就会越大。由于这两个参数对图像的影响与时间相关，因此在调整时需要相对谨慎。

若希望动画与原图更相似，可以尝试将重绘幅度降低到 0.6~0.7，power 值降低到 0.8~0.9，同时将 scale 值提高到 48~64，并设置一个不超过 16 的参数值，以延长动画的持续时间。需要注意的是，这些做法会限制动画的幅度，可能会使动画看起来变化不大。

除了上传图像给 AnimateDiff，还可以上传视频。在扩展的参数区域下方有一个上传视频源的选项，这可以用一个视频来指导 AnimateDiff 生成动画，或者简单来说，就是将这个视频变成动画。笔者推荐在文生图的过程中运用这一功能。图 10.12 所示为扩展参数区域界面。

图 10.12　扩展参数区域界面

以下是使用 AnimateDiff 将视频转换为动画的具体操作步骤。

步骤 1 将视频拖入 AnimateDiff，其帧数和帧率会自动与视频规格同步。若视频过长，建议先在剪辑软件中剪短并降低帧率。

步骤 2 在提示词中输入视频内容描述，并设置包括模型在内的各种参数，可以加入 LoRA，将特定人物或画风加入动图。

步骤 3 在对视频进行重绘时，通常会开启 ControlNet，以进一步控制视频中角色、人物形象或姿势动作。设置方法与画单张图时类似，只需打开 ControlNet 并设置合适的控制类型。图 10.13 所示为 ControlNet 界面。

步骤 4 完成上述设置后，单击"生成"按钮，AnimateDiff 将视频转换为动画。

图 10.13　ControlNet 界面

　　以上操作过程与之前学习的视频重绘类似，但 AnimateDiff 的特性使动画更加连贯，基本不会出现闪烁。

　　利用 AnimateDiff 进行逐帧重绘已成为当前的一种主流趋势。

　　目前市面上广泛流传的一类基于 AnimateDiff 的视频创作，是通过不断变换演化生成不同形象的视频。图 10.14 所示为 AnimateDiff 效果图。这些视频创作都要归功于 AnimateDiff 中的一个神奇功能——Prompt Travel，它操作起来十分简单。

图 10.14　AnimateDiff 效果图

在文生图界面中，输入的提示词能够生成一个半身人像。动图的主要绘制内容由用户输入的提示词决定。对于较长的视频，用户可以通过特定的语法结构控制，在特定帧数内使用一组提示词绘画，帧数达到一定数值后，自动切换到另一组提示词。

例如，在提示词最下方换行输入"0: closed eyes"，再换行输入"8: open eyes"。这表示从第 0 帧开始将 closed eyes 添加到提示词中，从第 8 帧起将其替换为 open eyes。

通过这种方式，实现了人物从闭眼到睁眼的动画效果。图 10.15 所示为提示词帧数设置界面。

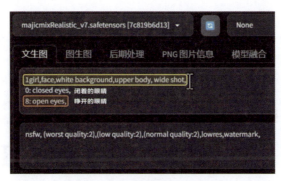

图 10.15　提示词帧数设置界面

在创作各种动图时，用户可以采用类似的方法调整画面细节，使动图更加生动有趣。

然而，由于 AI 生成的随机性较高，有时提示词可能无法完全按照预期生效。若效果不佳，可尝试更换种子值，多次生成以获得更满意的结果。

此外，只要总帧数足够长，Prompt Travel 的时长也可以相应延长。

11

第11章

声音克隆技术:3分钟打造专属AI声优

在 AI 技术的应用体系中，声音克隆技术已然演变为提升内容创作效率的关键性工具。该技术通过采集目标声纹的特征信息，能够迅速构建出数字语音模型，使传统人工配音工作从数小时的耗时大幅缩减至分钟级别。

目前，其广泛应用于影视后期制作、数字人口播内容生成及直播电商等诸多行业。

尤其值得关注的是，当声音克隆技术与虚拟数字人技术相结合时，可达成无须真人出镜的批量化口播视频生产流程，单日产出量能够达到千条的规模级别，并且能够支持 7×24 小时的不间断直播运营需求。

本章将对当前主流的声音克隆技术路径进行系统性的梳理，并且从算法原理、设备要求以及成本控制这三个维度出发，对不同的技术方案进行对比分析，以期明晰各方案的技术特性与适用场景。

11.1　剪映：便捷的大众声音克隆工具

当前，众多厂商纷纷涉足声音克隆服务领域，推出了诸多简便易行、无须高配置计算机支持的解决方案。以下以剪映为例，该应用以简洁直观的操作界面和多元化的功能配置，赢得了广大视频创作者的青睐，特别是其内置的声音克隆功能，为用户提供了高效便捷的声音定制服务，极大地提升了创作体验。

在使用剪映的声音克隆功能之前，需要做好以下准备工作：开启应用，确保设备麦克风功能正常且周围环境安静，无明显噪声干扰，以保证录制声音样本的清晰度与纯净度，为后续的声音克隆效果奠定良好基础。

进入声音克隆界面的操作步骤如下。

步骤 1　导入视频素材。首先，单击"开始创作"按钮；然后，导入需要添加配音的视频素材。若仅进行声音克隆测试，可以选择任意空白素材作为替代。图 11.1 所示为剪映界面。

图 11.1　剪映界面

步骤2 声音克隆。首先，在下方菜单栏中单击"文本"选项，选择"新建文本"，输入需要合成声音的文本内容；然后，单击"文本朗读"按钮，在弹出的多种音色选项中选择"录音"选项，即可顺利进入声音克隆环节，开启个性化的声音创作之旅。图11.2所示为剪映克隆音色界面。

图 11.2　剪映克隆音色界面

步骤3 录制声音样本。单击"点按开始录制"按钮后，屏幕会出现录制提示，此时用户需要清晰、连贯地朗读一段至少10秒的文本。图11.3所示为克隆音色步骤界面。

图 11.3　克隆音色步骤界面

在朗读过程中，尽量保持稳定的语速和语调，避免出现卡顿、重复、模糊不清等情况。例如，用户可以选择一段经典的诗歌、散文或故事片段进行朗读。

步骤4 生成声音模型。完成录制后，剪映会自动基于深度学习算法对录入的声音进行分析。这个过程可能需要几秒到几分钟不等，具体时间取决于用户的设备性能和声音样本的复杂程度。声音分析完成后，剪映会提取出用户语音中独特的音色、语调、语速等特征，生成专属的声音模型。

步骤5 应用声音克隆。声音模型生成后，输入的文本就会以克隆的声音朗读出来。用户可以单击"播放"按钮，预览配音效果。若对效果不满意，可以返回重新录制声音样本，或者在"文本朗读"的设置中对语速、语调、音量等参数进行微调，直到达到满意的效果。无论是制作短视频旁白，还是给搞笑短剧配音，剪映的声音克隆功能都能轻松实现。图 11.4 所示为克隆成功界面。

图 11.4 克隆成功界面

总体而言，剪映的声音克隆功能以其极为简便的操作流程脱颖而出，堪称傻瓜式操作体验的典范。然而，该功能所生成的声音效果却较为普通，其主要问题体现在所生成的声音存在较为明显的机械感，与原声的相似度不够高，仔细聆听便可察觉差异。此外，声音的表现力欠佳，缺乏情感起伏，整体显得平淡无奇。

因此，对于对声音质量要求不是特别高的用户而言，剪映的声音克隆功能已经能够满足基本需求；但对于对声音质量有较高要求的用户，可能需要进一步探索其他更为专业的解决方案，以获得更加自然、富有情感且高质量的声音效果。

11.2　GPT-SoVITS：开源的深度学习声音克隆框架

GPT-SoVITS 是一款基于深度学习框架开发的开源声音克隆项目，适合有一定技术基础的开发者。这款开源软件是很早之前的老牌技术，其最主要的功能是模仿用户的声线，核心用法就是相当于变声器。它可以基于原始音频根据用户训练好的声音数据来改变声线，而这项技术需要比较高的计算机配置，并且训练耗费时间非常长。

打开文件来到根目录，双击打开 go-webui.bat 文件。图 11.5 所示为 GPT-SoVITS 运行位置界面。

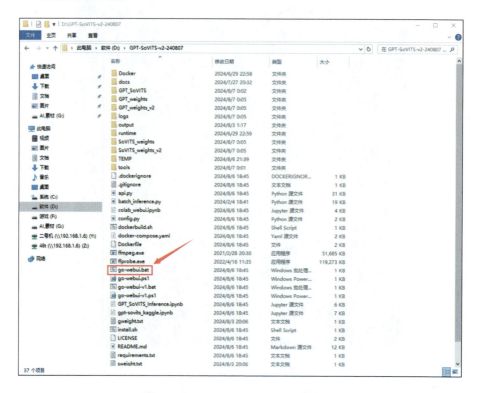

图 11.5　GPT-SoVITS 运行位置界面

注意：不要以管理员身份运行！

打开软件，稍加等待就会弹出网页。如果没有弹出网页，可以复制地址 http://0.0.0.0:9874 到浏览器中打开。图 11.6 所示为 GPT-SoVITS 操作界面。

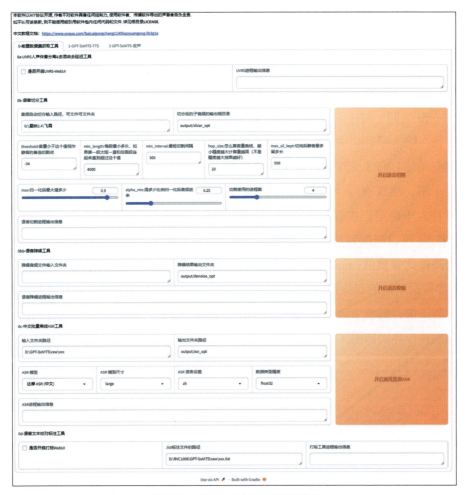

图 11.6　GPT-SoVITS 操作界面

在开始使用 GPT-SoVITS 之前，请注意以下事项：打开的 bat 文件对应的是控制台窗口，切勿关闭该窗口，因为它是整个程序运行的控制中心，所有操作过程中的日志信息都会在控制台窗口中显示，所有相关的信息均以控制台呈现的内容为准。

如果用户在使用过程中遇到问题需要向他人咨询，请务必详细说明以下几点：具体是在哪一个步骤出现问题、网页端的填写情况（这有助于对方判断是否在该环节操作有误）及控制台窗口的截图。因为所有的错误报告都会在控制台窗口中显示，只有通过查看控制台窗口中的错误信息，其他人才能更准确地判断并解决问题。

通常在错误信息中，Error 后面的内容一般是具体的报错详情，这是定位问题的关键所在。

下面介绍具体操作步骤。

步骤1 数据集处理。请务必妥善准备数据集，以避免后续过程中可能出现的各种错误及训练出性能不佳的模型。优质的数据集是成功训练出优秀模型的前提。

步骤2 切割音频。在进行音频切割操作之前，建议将所有音频文件导入音频编辑软件（如 Adobe Audition、剪映等），对音量进行标准化处理，将最大音量设置在 –9~–6dB 之间，对于音量过高的音频文件则予以剔除。

首先，输入原音频文件所在文件夹的路径（路径中请勿包含中文字符），若音频文件刚刚经过 UVR5 处理，则该文件夹应为 uvr5_opt。

接下来，建议对以下参数进行调整：min_length（单位：毫秒），其取值应依据设备显存大小确定，在显存容量较小的情况下，该值应相应减小；min_interval（单位：毫秒），可以根据音频文件的平均间隔时长进行调整，若音频数据较为密集，可以适当降低此参数值；max_sil_kept（单位：毫秒），此参数的设置会影响句子的连贯性，需要根据不同的音频特性进行差异化调整，若不确定如何调整，建议保持默认值。其余参数不推荐随意更改。单击"开启语音切割"按钮，系统将立即执行切割操作。音频切割操作界面如图 11.7 所示。

图 11.7 音频切割操作界面

此外，用户也可以根据实际需求，选择其他专业的音频切分工具进行操作。

音频切割完成之后，生成的文件默认将存放于 output/slicer_opt 文件夹。打开该文件夹，将文件排序方式设置为按文件大小排序，手动将时长超过显存限制秒数的音频文件切割至显存限制秒数以下。

例如，若使用的显卡为 4090，显存为 24GB，那么需要将时长超过 24 秒的音频文件手动切割至 24 秒以下，这是因为音频时长过长可能会导致显存溢出。如果语音切割后仍然是一个文件，可能是因为音频过于密集。此时，可以将 min_interval 参数从 300 调低至 100，通常能够解决这一问题。若调整参数后仍未解决问题，则建议使用 Adobe Audition 等专业音频编辑软件进行手动切割。

步骤3 音频降噪。若认为音频质量已足够清晰，可跳过降噪步骤。需要注意的是，降噪过程可能会对音质造成较大破坏，因此请谨慎操作。

输入之前切割完音频的文件夹，默认为 output/slicer_opt 文件夹。

单击"开启语音降噪"按钮，降噪完成后，输出文件默认存储于 output/denoise_opt 路径下。图 11.8 所示为语音降噪界面。

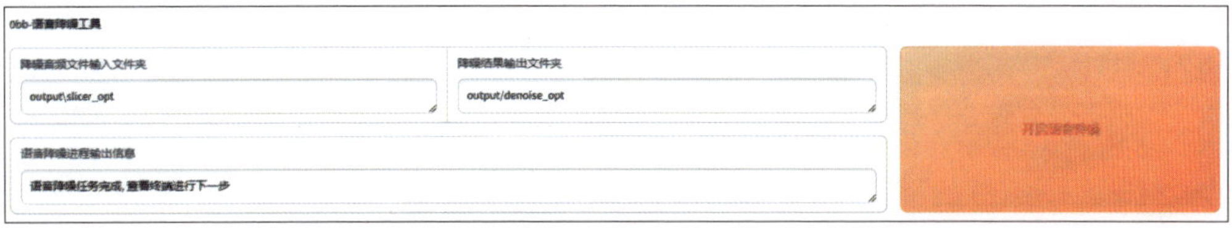

图 11.8　语音降噪界面

步骤4　打标。为什么要打标？音频标注的必要性在于为每个音频文件匹配对应的文字内容，使 AI 能够学习并掌握每个字的正确读法，从而提升其语音合成的准确性与自然度。这一过程所指的"标"即为标注。图 11.9 所示为打标界面。

图 11.9　打标界面

若在步骤 3 中对音频进行了切割或降噪处理，系统将自动填充相关路径信息。接下来，需要选择达摩 ASR 或 Faster Whisper 作为标注工具。达摩 ASR 在普通话和粤语的识别任务中表现出色，效果更优；而 Faster Whisper 支持多达 99 种语言的标注工作，尤其在英语和日语的识别上表现突出，建议选择 large-v3 型号，并设置语种为 auto 以实现自动识别。

在精度选择方面，float16 较为合适，其处理速度相较于 float32 更快，而 int8 的速度几乎与 float16 持平。完成上述设置后，单击"开启离线批量 ASR"按钮即可开始标注。标注的默认输出路径为 output/asr_opt。

由于 ASR 过程需要一定时间，因此在此期间可通过查看控制台是否有报错信息来了解标注进程是否顺利进行。

步骤5　校对标注。完成步骤 4 的标注工作后，系统将自动填写 list 路径。接下来，用户只需单击开启打标 webui，即可进入 SubFix 界面。该界面的功能按钮从左至右、从上到下依次为 Change Index（跳转页码）、Submit Text（保存修改）、Merge Audio（合并音频）、Delete Audio（删除音频）、Previous Index（上一页）、Next Index（下一页）、Split Audio（分割音频）、Save File（保存文件）、Invert Selection（反向选择）。图 11.10 所示为校对标注界面。

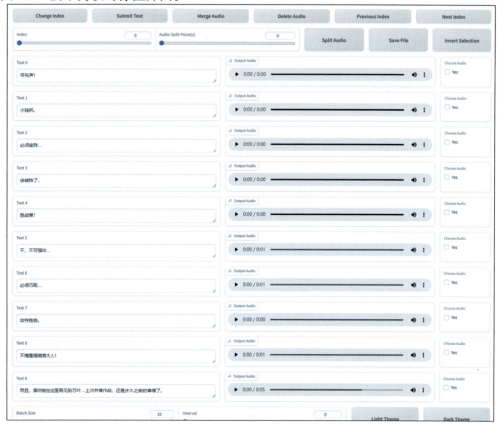

图 11.10　校对标注界面

　　在操作过程中，完成每一页的修改后都必须单击 Submit Text（保存修改）按钮，否则在翻页时修改内容将会被重置。在完成所有操作并退出前，需要单击 Save File（保存文件）按钮。在进行任何其他操作之前，为防止数据丢失，也建议先单击 Submit Text（保存修改）按钮。

　　需要注意的是，不推荐使用 Merge Audio（合并音频）和 Split Audio（分割音频）功能，因其精度较低且存在较多漏洞。若要删除音频，需要先单击目标音频右侧的 Yes 按钮，再单击 Delete Audio（删除音频）按钮。删除音频后，文件夹中的音频文件依然存在，但其对应的标注信息将被移除，因此该音频不再被纳入训练集。

　　鉴于 SubFix 本身存在较多漏洞，在进行任何操作前，为确保数据安全，建议多单击几次 Submit Text（保存修改）按钮以巩固修改内容。

　　步骤 6　训练输出 logs。进入训练输出界面，如图 11.11 所示。

图 11.11　训练输出界面

设置"实验/模型名"，该名称理论上可以使用中文。

完成打标工作后，系统将自动填写相应路径，此时只需单击"开启一键三连"按钮即可。

步骤7　微调训练。进入微调训练界面，如图 11.12 所示。

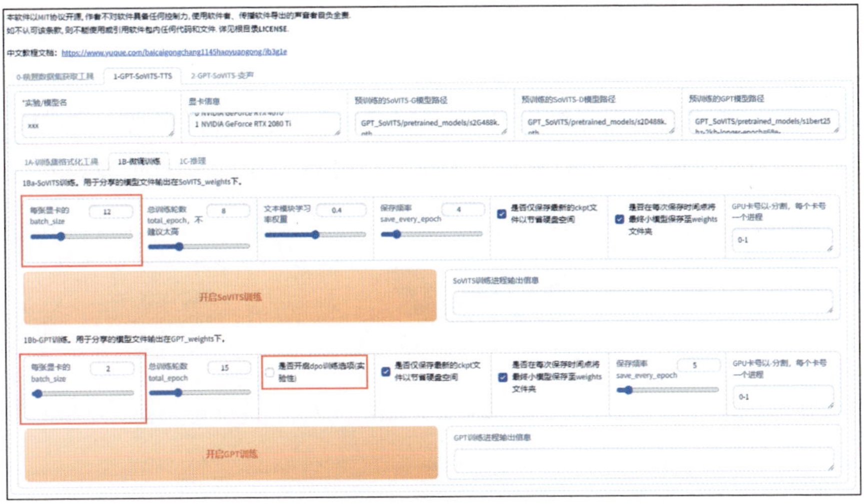

图 11.12　微调训练界面

首先，设置 batch_size 参数。在 GPT-SoVITS 训练框架下，建议将 batch_size 设置为显存容量的一半以下，以避免出现显存溢出的情况。

需要强调的是，batch_size 并非设置得越大越好，过大的 batch_size 可能会导致显存占用过高，进而引发性能问题。batch_size 的设置还需要根据数据集的规模进行适当调整，并非严格遵循显存容量一半的规则。

例如，当显存为 6GB 时，batch_size 可能需要设置为 1。如果在训练过程中出现显存溢出的情况，则应适当调低 batch_size 的值。

特别需要注意的是，当显卡的 3D 占用率达到 100% 时，表明 batch_size 设置过高，此时系统可能会使用共享显存，导致训练速度显著减慢，可能是正常速度的数倍。

接下来，开启推理界面（图 11.13）。先单击"刷新模型路径"按钮，然后在"ScVITS 模型列表"下拉列表中选择相应选项。其中，e 表示训练轮数，s 表示训练步数。需要注意的是，并非训练步数越多，模型性能就一定越好。

图 11.13　推理界面

选择好目标模型后，勾选"是否开启 TTS 推理 WeUI"复选框，系统将自动弹出推理界面。

如果推理界面未能自动弹出，请将以下链接复制到浏览器的地址栏中打开：http://0.0.0.0:9872。

开始推理后，界面顶部提供了模型切换的功能，这一功能在刚刚完成模型训练并需要选择合适模型进行推理时显得尤为重要。图 11.14 所示为推理设置界面。

图 11.14　推理设置界面

随后，需要上传一段参考音频，建议选择数据集中的音频片段，时长最好控制在 5 秒左右。参考音频的质量至关重要，因为它将直接影响模型对语速和语气的学习效果，请务必谨慎选择。参考音频的文本内容应与音频实际表达的内容一致，并且需要确保语种相匹配。

接下来，输入需要合成的文本，同样要注意语种的对应性。

目前，系统支持中英混合、日英混合及中日英混合等多种语言组合的文本输入。

在切分设置方面，建议优先选择"凑四句一切"方式，若文本不足四句，则无须切分。若在使用"凑四句一切"方式时出现报错，通常是由显存容量不足所致，此时可改为按句号进行切分。

需要说明的是，显存容量越大，能够一次性合成的文本量也越多，在实际测试中，4090 显卡大约能够处理 1000 字的文本，但此时合成效果可能会出现失真或不自然的情况。因此，即便使用的是 4090 显卡，也建议进行适当的切分后再进行合成。

此外，在合成过程中，模型可能会出现生成不自然或不符合预期的结果，这是正常现象，可能需要多次调整和尝试以获得最佳的合成效果。

11.3 　FireRedTTS：轻量级开源声音克隆软件

FireRedTTS 是一款轻量级的开源声音克隆软件，对硬件要求相对较低，普通计算机也能运行，且易于上手。用户可以把它当作简单版的 GPT-SoVITS，即 GPT-SoVITS 的平替版本，同时也少了训练这一步骤，因为它已经内置好训练模型了。

FireRedTTS 适用于计算机配置不够的用户，可以直接在云端部署，不需要任何计算机配置，只需一台能上网的计算机即可。

首先在百度中搜索智灵或输入相应网址（见网址 14）进入智灵主页，如图 11.15 所示。

图 11.15　智灵主页

扫码登录后,在左侧状态栏中选择"GPU 列表"选项,然后单击"新增 GPU"按钮,如图 11.16 所示。

图 11.16　左侧状态栏

在"新增 GPU"栏中选择模板 FireRedTTS,下方的"GPU 规格"随意选择即可。图 11.17 所示为模板选择界面。

图 11.17　模板选择界面

在"GPU 一览"的"操作"下拉列表中选择"启动"选项,弹出启动面板。图 11.18 所示为启动操作界面;图 11.19 所示为启动面板。

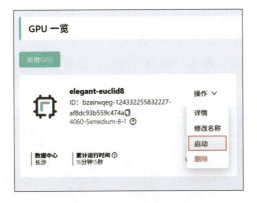

图 11.18　启动操作界面

图 11.19　启动面板

在启动面板中单击"确认"按钮，启动成功后，进入 FireRedTTS 后台界面，单击"打开 FireRedTTS"按钮，如图 11.20 所示。

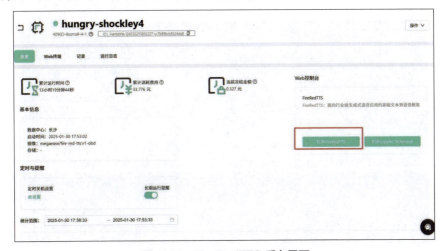

图 11.20　FireRedTTS 后台界面

弹出的网页界面操作十分简便，用户仅需关注两个操作：一个是上传需要复制的音频文件；另一个是在输入框中输入待合成的文本文案。

完成上述两个操作后，单击"提交"按钮，即可在界面右侧等待合成结果生成，全程无须任何额外步骤。图 11.21 所示为 FireRedTTS 主界面。

图 11.21　FireRedTTS 主界面

11.4　CosyVoice：专注于语音合成的开源工具

CosyVoice 专注于语音合成与声音克隆领域，融合了多种前沿语音处理技术，尤其在声音情感模拟方面表现出色。该平台更侧重于快速复刻原始音频的音色与语气，若用户有复刻音频语气方面的需求，CosyVoice 是其最佳选择。

CosyVoice 的操作方法是开源软件里最简单的，下面介绍其具体操作步骤。

（1）打开软件，进入 CosyVoice 主界面，其中只有几个选项，如图 11.22 所示。

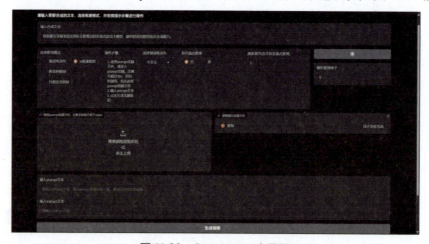

图 11.22　CosyVoice 主界面

（2）在主界面的顶部文本框中输入合成文本，此处用于生成所需文案，无须一次性填入过多内容，可分句逐步生成，如图 11.23 所示。

图 11.23　合成文本界面

（3）在选择音色界面中先选择"3s 极速复刻"，再选择预训练音色，如图 11.24 所示。

图 11.24　选择音色界面

（4）上传需要复制的音频文件，在下方输入框内填写所上传音频文件对应的文案文本，单击"生成音频"按钮，稍等片刻后，即可在页面最下方查看生成的复制音频文件。图 11.25 所示为音频生成界面。

图 11.25　音频生成界面

在对上述几款声音克隆工具进行深入了解之后，用户可以依据自身的技术能力、硬件配置及具体需求，挑选出最为合适的一款工具，从而开启声音克隆的创作之旅，打造独具特色的声音作品。

第 12 章

AI文旅片爆款公式：只需两招，传统景点实现流量破圈

传统文旅方式主要依赖航拍记录风景以及运用 3D 建模技术复原古文化，然而，这些手段不仅耗费大量时间和精力，而且能够复原的内容十分有限。在当下快节奏且短视频盛行的时代，能够真正吸引观众深入观看的文旅片必须富有创新性。这正是 AI 的强项所在，AI 在赋能传统文旅方面已达到相当成熟的程度，借助 AI 技术，不仅能有效保留和传承文化，还能不断推陈出新，使文旅产业得以被提升至全新高度。

12.1 第 1 招：文化符号年轻化，创新视角重塑传统景点

在文旅融合的大背景下，利用 AI 技术制作旅游景点风景视频已成为一种常见方法，但随着市场上此类视频的泛滥，观众的新鲜感逐渐消退。因此，文旅创作者们应当深入挖掘 AI 的创新潜能，将关注点聚焦于如何通过技术手段为传统景点注入新的文化内涵与艺术价值，尤其是将传统景区用一种年轻人更能接受的方式呈现出来，不失为一个创新的视角。例如，可以将传统建筑与剪纸艺术相结合，创造出一种让年轻用户更容易接受的新形式，起到"老树发新芽"的效果。

具体而言，将传统建筑的标志性元素与剪纸艺术的细腻线条相融合，使建筑的原始风貌在剪纸的方寸之间得以重新诠释。图 12.1 所示为 AI 生成的剪纸风格天坛；图 12.2 所示为 AI 生成的剪纸风格鸟巢；图 12.3 所示为 AI 生成的剪纸风格故宫。

以上这种融合方式，不仅保留了传统建筑的基本特征，还巧妙地融入了中国剪纸文化这一非物质文化遗产，让古老的艺术形式在现代设计中焕发出新的生机与活力。

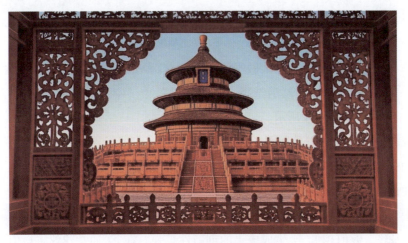

图 12.1　AI 生成的剪纸风格天坛

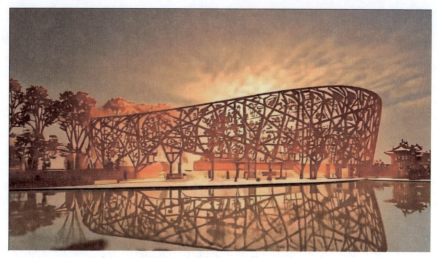

图 12.2　AI 生成的剪纸风格鸟巢

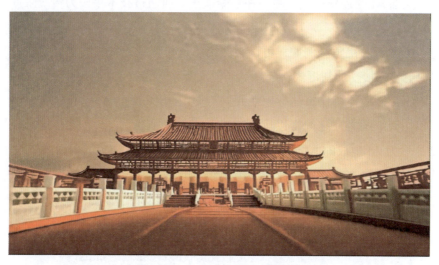

图 12.3　AI 生成的剪纸风格故宫

　　像这样的剪纸风格转换怎么做呢？进入堆友网站（见网址 15），在生图界面中，先选择一个"底层模型"，然后选择"增益效果"为"中国风剪纸"，参考系数根据提示填写即可，如图 12.4 所示。

　　生成参数的设置可以参照图 12.5 进行。

　　画面描述即生成提示词，由于接入的是已训练好的 SD 模型，因此在编写提示词时，建议以词组形式逐一罗列。

　　其中，"参考程度"用于设定生成内容与上传图像的相似度，数值越高，生成结果越贴近原图；数值越低，则生成成果的创新性越强。在此，通常建议将该值设为 0.8，这样既能保留原始图像的核心特征，又能通过重绘融入新的风格元素。至于其他参数，可依照图示中的示例进行填写。

图 12.4　堆友设置状态栏界面　　　　图 12.5　生成参数的设置

　　单击"生成"按钮，稍作等待，即可获得一系列剪纸风格的标志性建筑图像，如图 12.6 所示。

图 12.6　生成效果图

　　这一过程不仅展示了 AI 技术在图像生成领域的强大能力，也体现了其在文化创意产业中的广泛应用前景。

　　用户可以充分发挥想象力，尝试生成多种风格的图像，如毛绒风格、冰雕风格或缩影小玩具风格等，以探索更多创意可能性，为传统建筑赋予新的艺术生命力。

12.2　第 2 招：巧妙架空时间线，用 AI 实现"古今穿越"叙事

　　在影视创作中，无论是文旅片还是其他类型影片，时间线都是推动情节的关键，它可以构建影片的逻辑框架，同时还可以激发观众的兴趣。

而巧妙架空时间线，实现"古今穿越"，则是当下用户都能接受并且感兴趣的方式。将这种方式与文旅片相结合，将起到事半功倍的效果。

以笔者的视频《AI甘肃》为例，时间线贯穿了过去、现在与未来，通过古今穿越的方式展现了甘肃的深厚文化底蕴与现代魅力。

首先，影片从古代文化与历史传承入手，这是整个故事的根基。通过展现古老的丝绸之路、历史遗迹和传统民俗，观众被带入一个充满历史感的世界。接着，影片过渡到现代甘肃，展示其特色文化、美食和民俗，激发观众的旅游兴趣。最后，影片展望未来发展与期望，升华主题，让观众对甘肃的未来充满期待。

在表现古代甘肃时，影片采用推门镜头引出丝绸之路，以少女的视角展现环境变化，使观众身临其境地感受历史的厚重与文化的魅力。这种古今穿越的表现手法，不仅增强了影片的叙事张力，而且还让观众在时间的流转中深刻体会到甘肃的过去、现在与未来的独特魅力。

下面将逐一来拆解这种方法。

提示词: A movie still tells the story of an ancient woman standing on an ancient market street, wearing colorful robes, overlooking shoppers and passersby. The golden sunlight shines through her white veil, and beautiful and vivid colors shine behind her shoulders. （译文：一部电影剧照，讲述了一位古代妇女站在古代的市场街上，穿着五颜六色的长袍，俯瞰着购物和走过的人们。金色的阳光透过白色的面纱照射进来，美丽而鲜艳的色彩从她的肩膀后面照下来。）

图12.7所示为AI生成的古代少女。

图12.7 AI生成的古代少女

接下来，视频将展示各地独特的历史文化，如青铜器、莫高窟、茶文化等。在利用AI技术生成这些内容时，必须确保其与原物的样貌高度一致，以保持宣传视频的真实性。为此，在生成过程中应大量采用图生图的方法。

具体操作如下：先在网上收集大量相关素材，再将其输入 AI 生成图像，然后使用 Photoshop 对生成的图像进行微调，以确保其与原物的样貌保持高度一致。

当观众沉浸在古代文化的震撼之中时，视频采用黑屏转场，自然地将画面切换到现代城市，准备叙述第二个时间节点的内容。在这个部分，要充分展示城市的文化习俗、美食及特色旅游项目。一些城市拥有广为人知的特色项目，如四川的大熊猫、四川麻将等，这些项目不仅在国内广受欢迎，在国外也颇具知名度。由于有大量的相关数据用于训练 AI 模型，因此在使用 AI 生成这些内容时，可以直接输入提示词，AI 便能够准确理解并生成相应的图像。

然而，对于一些鲜为人知的特色习俗，如甘肃的社火，由于其知名度较低，甚至许多外地观众都未曾听闻，国外的 AI 训练数据中也较为稀缺，因此无法通过普通的提示词直接生成。对于这种情况，我们无须过于纠结，可以尝试转换思路，调整提示词，让 AI 能够理解并生成与之相似的内容。例如，在生成社火这个习俗内容时，使用图生图的方法，并在网上收集一批相关素材。同时，将提示词进行更换，将社火换为歌剧演员、曲艺演员，并详细描述他们的服装，以帮助 AI 更好地理解和生成所需的内容。

提示词：A group of opera actors in colorful costumes, with red and blue flags on their heads, stand behind three large drums placed side by side at the entrance to an ancient Chinese square filled with people watching them play drums. The weather is sunny and there is a gentle breeze blowing. （译文：一群身着五颜六色服装的戏曲演员，头上插着红蓝两色的旗帜，站在三个并排放置的大鼓后面，这是一个中国古代广场的入口处，广场上挤满了观看他们打鼓的人。天气晴朗，微风拂面。）

图 12.8 所示为 AI 生成的闹社火效果图。

图 12.8　AI 生成的闹社火效果图

在最后的未来时间线部分,结合"一带一路",将叙事中心聚焦于现代丝绸之路上,着重阐述甘肃的地理位置对于整个国家的重要战略意义,借此让观众了解甘肃的发展规划。

在此环节,特别运用了 Deforum 技术,将古代丝绸之路的张骞形象逐渐变换为现代的中国高铁,实现了前文所说的"古今穿越"叙事。图 12.9 所示为 AI 生成的张骞;图 12.10 所示为 AI 生成的高铁。

图 12.9　AI 生成的张骞

图 12.10　AI 生成的高铁

在视频的结尾处,采用一幅动画风格的插画绘图来展现甘肃的特色,同时让主题字幕逐渐浮现,为整个视频画上一个完整的句号。这样的设计不仅能够强化甘肃的文化形象,还能给观众留下深刻而美好的印象。图 12.11 所示为 AI 生成的动画插图。

提示词: This photo can focus on the Mogao Grottoes of Dunhuang. There are several camels at the bottom of the photo. The background can be a vast Gobi desert, with snow capped mountains in the distance. In the picture, a caravan wearing silk clothes rides camels forward, with posters and Chinese cartoon illustrations in style, (**译文:**这张照片可以聚焦在敦煌莫高窟,照片底部有几只骆驼。背景可以是广阔的戈壁,远处是白雪皑皑的山脉。图中,穿着丝绸衣服的商队骑着骆驼前行,海报和中国卡通插图风格,)

图 12.11　AI 生成的动画插图

　　回顾整个视频的制作过程，遵循上述精心设计的时间线顺序，从古代文化的历史传承，到现代城市的特色展现，再到未来发展的美好展望，每一个环节都紧密相扣，逻辑清晰。

　　通过巧妙地运用古今穿越的主题和多样化的技术手段，如 AI 生成、Deforum 技术等，不仅丰富了视频的内容和表现形式，更增强了观众的观看体验和情感共鸣。

　　当然，时间线的顺序并非一成不变，创作者应根据自己的理解和创意，灵活调整和创新，以打造出更具独特性和吸引力的作品。只有充分考虑观众的需求和喜好，不断优化和完善，才能制作出真正让观众满意的文旅视频，从而更好地推广和传承地方文化，推动文旅产业的繁荣发展。

　　前文对架空时间线实现古今穿越的方法进行初步介绍之后，接下来，将详细介绍两个案例，让读者对具体制作方法有更清晰直观的认知。

12.3　案例 1：敦煌飞天舞蹈片段的分镜设计逻辑

　　在文旅视频中，敦煌飞天舞蹈的呈现令众多观众为之惊叹。观众对这一精美的画面背后的技术原理充满好奇，难以置信 AI 能够创造出如此细腻且充满动感的场景。他们对 AI 的能力表示怀疑，认为 AI 难以胜任如此复杂的艺术创作任务。然而，事实证明，AI 技术在图像生成和视频制作领域已经取得了显著的进步。

　　通过对大量艺术作品的学习和分析，AI 能够理解和再现复杂的艺术风格和动作设计。在敦煌飞天舞蹈的创作中，AI 不仅成功地还原了传统艺术的精髓，还通过创新的技术手段为观众带来了前所未有的视觉体验。图 12.12 所示为 AI 生成的敦煌飞天舞蹈效果图。

图 12.12　AI 生成的敦煌飞天舞蹈效果图

要实现类似的效果并非难事，只需按照既定的方法操作即可。

众所周知，像 Midjourney 这样的传统 AI，在中国古代元素的训练数据方面相对匮乏，因此利用它来生成古代元素服饰时会面临诸多困难。

鉴于此，下面选择借助 SD 进行生成，因其拥有丰富的 LoRA 模型资源。具体操作步骤如下：

首先，在哩布哩布 AI 上寻找一个合适的汉服 LoRA 模型。LoRA 模型选择界面如图 12.13 所示。

图 12.13　LoRA 模型选择界面

接着，下载 LoRA 模型后进入生成界面，这里选取的模型是 flux 1.1 模型，它对于语义有更好的理解能力。

提示词：<LoRA:dunhuang:0.7>,dhft,1 girl,capelet,bangle,Chinese,belt,clothes blown up by the wind,smile,dance,full body,cinematic,a sense of scale and narrative,ethereal scenes,peaceful solitude,stunning contrasts and shadow,introspection,8K, photography, super detailed,hyper realistic,masterpiece,depthoffield,bright color,super light sensation, caustic lighting, （译文：<LoRA:dunhuang:0.7>，敦煌飞天，1 个女孩，披肩，手镯，中国人，腰带，被风吹走的衣服，微笑，舞蹈，全身，电影，规模感和叙事感，空灵的场景，宁静的孤独，令人惊叹的对比和阴影，自省，8K，摄影，超细节，超现实，杰作，景深，明亮的色彩，超强的光线感，折射光线，）

图 12.14 所示为提示词界面。

图 12.14　提示词界面

然后，对参数进行设置，如图 12.15 所示。

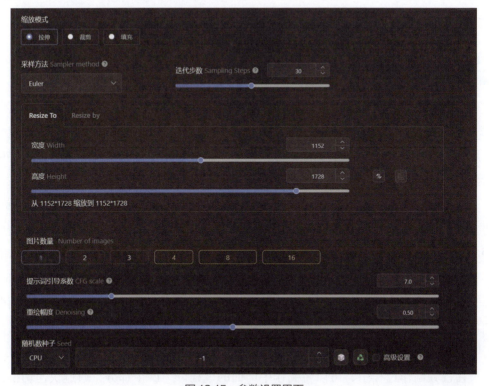

图 12.15　参数设置界面

生成的图像效果如图 12.16 所示。

图 12.16　AI 生成的效果图

最后，用户只需将生成的静态图像导入图生视频软件，识别并处理这些图像，通过添加动画效果和过渡场景，即可生成动态的敦煌飞天舞蹈类型的画面。

以上操作过程不仅简便，而且能够充分发挥图生视频软件的强大功能，将静态图像转化为富有生命力的动态视频，为观众带来更加生动的视觉体验。

12.4　案例 2：AI 拉牛肉面的动态细节捕捉技巧

AI 生成美食图像是 AI 相对薄弱的领域之一。原因在于，尽管 AI 生成的美食图像看似精致，甚至可与专业摄影师的作品媲美，但在实际应用中，尤其是承担宣传作用的视频中，其效果却不尽如人意。例如，若美食图像过于完美，观众在现实中看到不一致的情况时，会产生被欺骗感；若生成效果不佳，则不如直接采用实拍。

考虑到中国美食的多样性和复杂性，AI 生成的美食种类有限，多为牛排、比萨、薯条等国外常见食品，难以满足文旅片中对美食展示的需求。然而，美食作为文旅片的重要组成部分，如何利用 AI 生成美食图像，同时尽量贴近真实，成为创作者需要思考的问题。目前创作者可以通过多角度镜头切换，巧妙地弥补生成图像的不足，提升观众的观看体验。例如，在需要展示兰州牛肉面的场景中，由于 AI 生成的面条图像常偏向日本拉面风格，这可能与训练数据有关，因此需要借助大量真实素材进行图像生成。

在视频制作过程中，可以将制作牛肉面的过程分为四个部分，通过快速切换镜头突出美食的魅力。

下面介绍如何实现用 AI 拉出一碗兰州牛肉面。

第一个镜头，增加揉面的特写。这样既回避了面条生成的难题，又能展示牛肉面制作的精细工艺，从源头上体现其独特的风味。图 12.17 所示为 AI 生成的揉面镜头。

提示词：A person kneading dough on the table, with flour scattered around her and her hands visible in closeup. The focus is on making pizza or bread from dough, showing an artistic angle of it being covered by both women's palms, creating a warm feeling for cooking at home. The background shows black color and more space to add text or content, adding Depth and realism to the scene. This shot highlights baking activities and culinary art.（译文：一个人在桌子上揉面团，面粉撒在她周围，她的手在特写中可见。重点是用面团做比萨或面包，展现出一种被女性双手覆盖的艺术角度，给人一种在家做饭的温暖感觉。背景显示黑色和更多空间为场景增添深度和真实感。这张照片突出了烘焙活动和烹饪艺术。）

图 12.17　AI 生成的揉面镜头

第二个镜头，增加拉面动作。毕竟在兰州本地之外，牛肉面也被很多人称为拉面。尤其是"拉"这个动作，更能体现出师傅高超的技巧和水准。

在此过程中，已经借助了图生图技术，并且在生成画面时保留了现实中拉面馆师傅的传统服饰，以确保观众能够感受到浓郁的地方特色和真实的文化氛围。图 12.18 所示为 AI 生成的拉面镜头。

提示词：A chef is holding up long noodles with his right hand, while making thin white noodles.The background features a large banner . He holds one end of each strand of wheat type rice noodles straight out from under it like they were threads or satin ribbons, creating an elegant display of texture and shape. Shot in the style of Nikon D850 using a macro lens at f/2.4 aperture setting to capture intricate details. （译文：一位厨师右手拿着长长的面条，正在做薄薄的白色面条。背景是一条巨大的横幅。他把每

一根小麦型稻穗的一端从下面笔直地伸出来，就像丝线或缎带一样，创造出一种优雅的质感和形状。以尼康 D850 的风格拍摄，使用 f/2.4 光圈设置的微距镜头捕捉复杂的细节。）

图 12.18　AI 生成的拉面镜头

第三个镜头，采用饭店后厨的全景拍摄。这样既能展示整体环境，又能通过繁忙的场景间接体现美食的吸引力。图 12.19 所示为 AI 生成的面馆内镜头。

如果下面条的镜头生成效果不理想，可以灵活切换拍摄角度。例如，选择加入一段面条在锅内煮制的特写镜头。

需要注意的是，特写镜头的使用要适度，避免过多。适时的环境描写不仅能够突出当地的文化民俗特色，还能为观众带来更丰富的视觉体验，同时繁忙的后厨环境也能再次印证美食的受欢迎程度。

提示词：A bustling Lanzhou beef noodle restaurant. In the kitchen, a Hui master with a white hat is busy with Lamian Noodles,（**译文**：繁华的兰州牛肉面馆。厨房里，一位戴着白帽子的回族大师正忙着拉面，）

图 12.19　AI 生成的面馆内镜头

第四个镜头，将焦点对准牛肉面，采用特写镜头细致地展现其丰富的纹理和诱人的色泽，使观众能够真切地感受到牛肉面的独特魅力。这一镜头不仅凸显了美食的精致与美味，更通过画面的细腻呈现，增强了观众的食欲和兴趣。同时，这个特写镜头也作为视频的收尾部分，给观众留下深刻的印象，使整个视频在美食的展示中达到高潮，圆满结束。图 12.20 所示为 AI 生成的牛肉面镜头。

提示词: A bowl of noodles sits on the dining table. Delicately infused with red oil and blue floral patterns, it sits on the dining table. A pair of chopsticks carefully reach into it to pick up long strips of differently colored noodles, which float in a rich brown soup filled with various vegetables and meat pieces. The background is softly blurred, highlighting the vibrant colors of each element. This scene captures an elegant yet mouthwatering moment as one snips a strip from these luxurious noodles. （**译文**：餐桌上摆着一碗面条。它精致地融入了红油和蓝色花朵图案，放在餐桌上。一双筷子小心翼翼地伸进去，夹起一长条不同颜色的面条，这些面条漂浮在一个装满各种蔬菜和肉块的浓郁棕色汤里。背景柔和模糊，突出了每个元素的鲜艳色彩。这一幕捕捉到了一个优雅而令人垂涎的时刻。）

图 12.20 AI 生成的牛肉面镜头

经过上述步骤的精心制作，一碗热气腾腾的 AI 兰州牛肉面便呈现在眼前。

通过画面的细腻呈现，即便隔着屏幕，观众也能感受到其诱人的魅力，仿佛能闻到那扑鼻的香气，勾起无限食欲。

第13章

AI科幻片导演课：真人植入科幻，四招打造电影级视觉冲击

传统科幻影视制作往往需要耗费大量时间用于特效制作，需要长年累月地投入。其中所涉及的美术设计、建模、特效处理、动作捕捉等环节，无一不是耗资巨大、耗费人力的复杂工程。

AI 的出现恰好弥补了这一短板，凭借其天马行空的想象力，即便没有专业资源和团队，普通人也能将脑海中的创意转换为宏大场面的科幻视频。虽然其效果可能不及那些"燃烧经费"的商业大片，但对于圆个人科幻梦来说已足够。

然而，科幻片制作也有其独特的门道，运用恰当的技巧，才能使作品在众多同类作品中脱颖而出，更具观赏性和震撼力。

本章将根据笔者的实战经验，通过四招打造属于自己的科幻大片，你也可以成为一个未来的科幻片导演。

13.1 第 1 招：巧用景别切换，摆脱单调叙事

科幻片的核心在于宏大科幻场景的呈现，通常以全景、远景镜头为主。无论是星际旅行还是科技城市，导演的呈现与观众的期待具有一致性。然而，此类镜头仅适用于短暂展示，若过度使用，观众易产生视觉疲劳，且单纯堆砌宏大场景不利于情节推进。

在制作科幻视频时，可以通过巧妙切换景别保持观众的新鲜感，激发其持续观看的欲望。例如，在呈现两人擦肩而过的桥段时，由于 AI 无法直接生成连续切换镜头的画面，需要通过三次镜头切换并借助语言辅助生成画面。

下面以笔者创作的一部科幻片为例。图 13.1 所示为 AI 生成的月球商店门口图像。

图 13.1　AI 生成的月球商店门口图像

第一个镜头呈现了全景画面，对最左侧待碰撞人物角度稍作调整，以呈现碰撞效果。此画面非一次生成，而是分别生成不同人物画面后，利用 Photoshop 进行合成。

提示词：Photo art, sci-fi, on the moon, back shot, three people in spacesuits standing under a store sign, super HD resolution（**译文**：摄影艺术，科幻，月球上，后射，三个站在商店标志下的穿宇航服的人，超级高清分辨率）

第二个镜头呈现了主人公被撞后满含疑惑地转头的特写画面。此画面既与前文画面自然衔接，生动展现主人公的疑惑，又巧妙地为下一个外卖小哥撞人的镜头埋下伏笔。

图 13.2 所示为 AI 生成的主人公面部特写；图 13.3 所示为 AI 生成的主人公侧面特写。

提示词：Photo art, science fiction moon, front view, close-up, a man in a spacesuit, facing the camera, super HD resolution（**译文**：摄影艺术，科幻月球，正视，特写，一个穿着宇航服的男人，面对镜头，超高清分辨率）

图 13.2 AI 生成的主人公面部特写

图 13.3 AI 生成的主人公侧面特写

第三个镜头切换至外卖小哥的中景镜头画面。此画面既能让观众清晰地捕捉到外卖小哥衣服上"月球骑手"的独特设计，又能展现出外卖小哥急切向前赶路的状态，如图 13.4 所示。

图 13.4　AI 生成的月球骑手

上述案例说明，在科幻视频制作领域，当面临 AI 技术无法直接生成复杂场景的挑战时，巧妙运用镜头切换则成了一种有效的解决方案。

在实际创作中，通过全景镜头构建整体场景，通过特写镜头捕捉细节表情，通过中景镜头过渡情节发展，这种组合切换的方式，不仅能够生动地讲述故事，还能在一定程度上弥补 AI 生成能力的不足。

这种镜头切换技巧同样适用于处理难度较高的武打镜头，通过合理安排不同景别的镜头，可以有效应对 AI 在生成复杂动作场景时的局限性，从而提升视频的整体质量和观赏性。后续章节中将继续介绍通过此方法来创作武侠片的过程。

13.2　第 2 招：首尾帧联动，实现穿越既视感

在科幻电影的创作中，穿越镜头是不可或缺的元素。它不仅是视觉特效的华丽呈现，更是叙事过程中交代场景变换的重要手段。AI 的首尾帧变换技术就是为此而生，没有其他技术比它更合适。

在笔者制作的科幻片中，巧妙地运用了首尾帧技术，实现了高铁从车站瞬间穿越到月球的神奇效果。这种技术的应用，不仅让观众在视觉上感受到强烈的冲击，更在情节的连贯性上做到了无缝衔接，为影片增添了独特的魅力。

下面将详细介绍如何使用 AI 的首尾帧变换技术制作科幻片。

首先，用 AI 生成一张高铁进站图像，如图 13.5 所示。

图 13.5 AI 生成的高铁进站图像

然后，创作一张高铁在月球上行驶的图像。为确保首尾帧变换效果的自然流畅，需要保证两张图像的角度与景深保持一致。这种一致性有助于实现视觉上的平滑过渡，增强观众的代入感，仿佛真的跟随高铁一同登上了月球，进一步深化了影片的科幻主题与奇幻氛围。图 13.6 所示为 AI 生成的月球高铁。

图 13.6 AI 生成的月球高铁

生成首尾帧图像后，首要任务是对这两张图像进行变换处理。在此过程中选用的工具是 LumaAI，这款工具在首尾帧变换效果方面具有显著优势，能够出色地完成此类任务。图 13.7 所示为 LumaAI 主界面。

图 13.7　LumaAI 主界面

上传图像后，需要选定关键帧并输入提示词，以此引导渐变过程。当然，即便不输入提示词，对效果的影响也相对较小。图 13.8 所示为 LumaAI 参数设置界面。

图 13.8　LumaAI 参数设置界面

经过一段时间的等待之后，通过首尾帧变换技术制作的穿越变换效果便能够呈现在眼前。

这种效果不仅展现了视觉上的转变，更实现了场景之间自然且流畅的切换，为观众带来了独特的视觉体验，进一步增强了影片的叙事连贯性和吸引力。图 13.9 和图 13.10 所示为 AI 生成的穿越效果展示。

图 13.9　AI 生成的穿越效果展示（1）

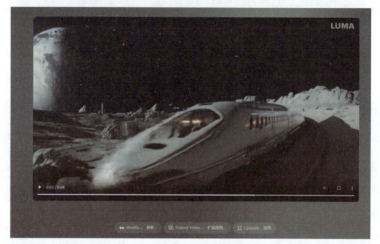

图 13.10　AI 生成的穿越效果展示（2）

　　首尾帧变换技术在科幻片制作中具有重要意义。它通过巧妙切换镜头，实现场景自然转变，为观众带来视觉冲击。此技术优势明显，尤其在穿越镜头的制作上，能将高铁从车站瞬间移到月球，增强影片奇幻感。

　　在使用首尾帧变换技术时，需要注意首尾帧角度与景深一致，以实现平滑过渡。LumaAI 等工具可以高效完成首尾帧变换，即使不输入提示词，效果也较好。

　　因此，如果读者对 AI 制作科幻片比较感兴趣，那么一定要掌握这种技巧。它是制作科幻片的有力工具，能有效提升影片质量和观赏性。

13.3　第 3 招：全镜头大场面，打造科幻氛围感

　　在科幻片的制作过程中，以全镜头大场面打造科幻氛围感是关键技巧。全镜头

可以全面呈现宏大场景，给观众带来视觉冲击。它涵盖了全景、仰视、俯瞰等多种视角，每种视角都有独特作用。其中，全景可以展现场景全貌，让观众对环境有整体认知；仰视能凸显建筑物或物体的高大宏伟，增强画面的纵向张力，使观众感受到物体的雄伟壮观；俯瞰则可以呈现场景的布局和规模，让观众对场景的复杂性和宏大有更清晰的认识。这种多种视角结合运用，能让观众从不同角度感受科幻世界的壮丽与神奇。

同时，对比关系的运用也不可或缺，如用一种物体的渺小衬托另一种物体的巨大，突出物体间规模、力量的差异，增强画面张力。对比关系是摄影和画面构图中的一种重要手法，通过巧妙安排不同大小、强弱的物体在画面中的位置，形成鲜明对比，吸引观众注意力。这种对比不仅存在于物体之间，还可以体现在人物与环境之间。例如，渺小的人物置身于庞大的科幻建筑或飞船面前，会让人感受到人类在科技与未知面前的无力感，同时也能凸显科技的伟大力量，使画面更具戏剧性和感染力。

此外，还可以利用反差营造氛围，引发观众对情节的联想。反差是一种强大的叙事和表现工具，通过打破观众的预期，创造出独特的视觉和情感体验。

在科幻片中，常见的反差设置包括环境与科技的反差、人物与场景的反差等。例如，将高度发达的科幻飞船置于恶劣环境中，形成鲜明反差，使观众自然联想到飞船坠落荒芜星球的情节。这种反差不仅增加了画面的视觉冲击力，还激发了观众的好奇心和想象力，促使他们更深入地思考故事的背景和情节发展。

下面通过具体案例介绍如何制作大场面。图 13.11 所示为 AI 生成的月球高铁站。

提示词：Realistic photography, distant view, a huge sci-fi high-speed railway station on the moon, ultra-high resolution,（译文：写实摄影，远景，月球上巨大的科幻高速火车站，超高分辨率，）

图 13.11　AI 生成的月球高铁站

在图 13.11 中，"月宫站"三个字是后期用 Photoshop 添加的，通过仰视镜头与全景展现建筑物的庞大。

科幻大场面塑造还可以借助反差来实现。通常科幻飞船与科技巨城一同出现，而此处反其道而行之，将高度发达的科幻飞船置于恶劣环境中，形成鲜明反差，使观众自然联想到飞船落入荒芜星球的情节。图 13.12 所示为 AI 生成的飞船效果图。

提示词: Deep in the mountains, there is a huge cave, in which is embedded a sci-fi spaceship with a shining silver metal appearance. Surrounded by high-tech buildings, transparent nano walls are integrated with the rocks. Fantasy visual effects, OC renderer, virtual engine, concept art, future aesthetics, global illumination, surrealism, ultra-high quality, 32K（译文：在深山深处，有一个巨大的洞穴，里面嵌着一艘闪闪发光的银色金属外观的科幻宇宙飞船。在高科技建筑的环绕下，透明的纳米墙和岩石融为一体。奇幻视觉效果, OC 渲染器，虚拟引擎，概念艺术，未来美学，全局照明，超现实主义，超高品质, 32K）

图 13.12　AI 生成的飞船效果图

总结一下，在科幻片制作的领域中，熟练掌握上述提及的全镜头运用、对比关系构建及反差营造等技巧，是每个创作者迈向成功的必经之路。

当创作者能够灵活且精准地运用这些方法时，便能够有效且深刻地营造出科幻片所独有的氛围。这种氛围不仅仅是视觉上的震撼，更是情感和想象力上的触动。它吸引观众深入其中，仿佛置身于另一个时空，与角色一同经历那些奇幻而又惊险的故事。

13.4　第 4 招：身临其境，科幻场景中植入真人形象

笔者创作这个科幻视频时，其中有家里长辈出现的画面。而实际上，笔者的长辈均已离世，绝无可能亲临现场录制视频。通过将长辈真人形象植入科幻片中来纪

念他们，这一效果其实是笔者运用 AI 技术将他们"复活"于视频中。

具体做法并不复杂。笔者在生成视频的过程中，将长辈的形象融入其中，并且巧妙地运用了人物一致性功能。这种技术使得视频中的人物形象保持连贯，仿佛他们真实在视频中出演了一样。接下来，介绍笔者是如何借助 AI 技术实现这一感人效果的。

首先，生成一张以车厢内场景为背景的图像，画面中不出现人物。图 13.13 所示为 AI 生成的高铁车厢内画面。

图 13.13　AI 生成的高铁车厢内画面

接下来，为了实现特定的视觉效果，需要再生成一张主人公在车厢内的照片，以便将两位长辈融入其中，完成三人合成画面。

在生成照片时，需要尽量保持色调一致，以减少后期调色的工作量。虽然调色是必备的后期处理步骤，但能节省的工作量还是尽量节省。图 13.14 所示为 AI 生成的笔者形象。

图 13.14　AI 生成的笔者形象

然后，找一张家里老人的照片，进行抠图，抠图时需要调整色调，同时也将主人公的照片抠下来。图 13.15 所示为抠出真人形象操作界面；图 13.16 所示为抠出笔者形象操作界面。

图 13.15　抠出真人形象操作界面

图 13.16　抠出笔者形象操作界面

将两组图像分别进行抠图处理后，将其合成到最初生成的车厢背景中，从而实现真人出镜的效果。

在此过程中，还添加了一定的调色和角度调整，以使合成的画面看起来更加合理且自然。图 13.17 所示为合成效果图。

完成合成效果后，此处特别制作了一个主人公转头看向老人的特写镜头。通过镜头的切换，展示主人公旁边确实坐着自家老人，使画面显得更加逼真。图 13.18 所示为 AI 生成的笔者转头效果图。

手把手教你做 AI 大片

图 13.17 合成效果图

图 13.18 AI 生成的笔者转头效果图

通过上述案例可知，在科幻视频创作中，将真人植入科幻场景中是一项富有创新性和情感深度的技巧。这种方法能够为作品增添独特的魅力和情感维度，具体可以从以下几个角度切入。

（1）运用 AI 技术"复活"已故亲人：利用先进的 AI 工具，将已故亲人的形象通过技术手段重新呈现在视频中，使他们能够"参与"到科幻场景的演出里，为视频注入情感元素。

（2）灵活运用抠图与合成技术：将不同来源的图像或视频片段进行精确抠图，然后将这些元素合成到预先设计好的科幻背景中。例如，将主人公和已故亲人的图像分别进行抠图处理，再将他们融合到同一车厢背景里，营造出跨越时空的"同框"效果。

（3）保持色调与角度的一致性：在合成过程中，保持色调的一致性至关重要。尽量在生成图像时就统一色调，减少后期调色的工作量。同时，对角度进行适当调整，确保合成画面的自然与合理，使观众能够顺畅地接受画面中的情境。

（4）通过特写镜头增强真实感：在合成画面的基础上，添加特写镜头来进一步提升画面的真实感。

运用这些技巧，创作者不仅能够在科幻视频中实现情感与视觉效果的完美融合，还能为观众带来独特的观看体验，使他们沉浸在充满想象力的科幻世界中。

第14章

AI战争片暴力美学：战机从航母起飞，逼真版空战大片

在当代影视创作领域中，AI 技术的崛起为战争片的制作开辟了全新的艺术可能性与技术路径。从构建高度逼真的战争场景，到把控影片的整体节奏，再到打造震撼人心的视觉特效，AI 技术全方位地赋能于战争片的创作流程。传统战争大片往往需要投入巨额制作经费与漫长周期，才能实现宏大的战争场面与精良的特效呈现。然而，借助 AI 技术，创作者能够大幅降低成本与时间消耗，同时突破现实拍摄的诸多限制。许多以往受限于技术与成本而难以呈现的情节，现在可以通过 AI 特效手段栩栩如生地展现于银幕。例如，航母战斗群的导弹齐射、大规模空战等复杂场景，能够以假乱真地呈现在观众眼前，极大地拓展了战争片的叙事边界与视觉体验。

本章将介绍如何用 AI 制作出逼真的战争大片。

14.1　打造战场沉浸感：声音＋视觉元素组合拳

战争氛围的塑造是战争片成功的关键，它能让观众仿佛身临其境，感受到战争的残酷与激烈。借助 AI，创作者可以从多个维度实现这一目标。

在 AI 战争片的制作中，色调是塑造氛围的关键要素，宁静时期与战争时期的色调差异，能够直观地传达出不同的情绪和场景氛围。

宁静时期通常采用暖色调或清新柔和的色调来营造平和、安逸的氛围。借助 AI 图像生成工具，如 Midjourney，在输入提示词时，可以强调温暖、柔和的色彩描述，如"阳光明媚的小镇，橙色的屋顶在金色阳光下熠熠生辉，翠绿的草地和湛蓝的天空相映成趣"。

通过 AI 对大量图像数据的学习和分析，生成的画面会以暖黄色、淡蓝色、淡绿色等为主色调，这些色彩能够唤起观众内心的宁静与舒适感。

在光影处理上，AI 可以模拟柔和的自然光，如清晨或傍晚的光线，让光影过渡自然，避免强烈的对比，进一步强化宁静的氛围。例如，通过调整光线的角度和强度，使小镇的建筑投射出长长的、柔和的影子，营造出岁月静好的感觉。图 14.1 所示为 AI 生成的宁静时期暖色调小镇。

战争时期则多运用冷色调和高对比度的色彩来展现残酷、紧张和混乱的场景。

同样使用 AI 图像生成工具，当输入"硝烟弥漫的战场，灰暗的天空下，残垣断壁被战火映红"这样的提示词时，AI 会生成以灰色、黑色、暗红色为主的画面。灰色和黑色代表着战争的压抑与绝望，而暗红色象征着鲜血与战火，这些冷色调的组合能够让观众感受到战争的残酷无情。

在光影方面，AI 可以模拟战争中的强光与阴影对比，如爆炸产生的强烈光芒和周围浓重的阴影，突出战场的紧张和危险氛围。此外，AI 还能根据战争的不同场景，如白天的沙漠战场、夜晚的城市巷战等，调整色调和光影效果。在白天的沙漠战场，色调可偏向土黄色和暗褐色，配合强烈的阳光直射，营造出干燥、炽热且危险的氛围；在夜晚的城市巷战，以深蓝色和黑色为主色调，借助微弱的灯光和爆炸火光，形成强烈的明暗对比，凸显战争的紧张与神秘。图 14.2 所示为 AI 生成的战争时期战场画面。

图 14.1　AI 生成的宁静时期暖色调小镇

图 14.2　AI 生成的战争时期战场画面

14.2　掌握节奏公式：实现"紧张—松弛"叙事曲线

　　战争片作为一种极具感染力的影视类型，其节奏的起伏直接影响着观众的情感体验和观影沉浸感。一部成功的战争片，宛如一首激昂的交响曲，时而激昂奋进，时而低沉婉转，牢牢抓住观众的心弦。那么，如何巧妙地酝酿战争片的节奏起伏呢？这需要从多个维度入手，精心编排剧情、合理运用镜头语言、搭配适宜的音乐音效等。

首先，明确剧情结构。在前期策划阶段，要构建清晰的剧情结构，确定故事的起承转合。设定情节疏密。

然后，合理安排情节的疏密程度，这是控制节奏的重要手段。在战争片中，可以设置一些紧张刺激的战斗情节，如大规模的冲锋、激烈的巷战等，这些情节节奏快、信息量大，能够让观众心跳加速。同时，穿插一些相对舒缓的情节，如士兵们在战壕中的短暂休憩、相互交流，或者主角的内心独白等，使节奏得到缓和。这些情节为紧张的战斗节奏提供了喘息的空间，让观众在情感上有张有弛。

14.2.1　镜头运用

镜头的运用对节奏的影响至关重要。快速切换的短镜头可以营造紧张急促的氛围。例如，在表现战斗的激烈场面时，通过快速切换士兵冲锋、枪炮射击、爆炸火光等短镜头，让观众感受到战争的紧张和混乱，加快节奏。而长镜头则可以用于表现舒缓的情绪或宏大的场景，如展现战争结束后战场上一片废墟的长镜头，给观众带来强烈的视觉冲击和情感震撼，同时也让节奏慢下来，让观众有时间去思考和感受。

14.2.2　景别变化

不同景别的运用也能调节节奏。

特写镜头可以突出人物的表情和细微动作，增强情感的表达，使节奏放缓，如在表现士兵受伤时痛苦的表情特写，让观众能够深刻感受到角色的情感。

中景和近景常用于展示人物之间的互动和情节发展，节奏适中。

而远景和全景则可以展现宏大的战争场面，如千军万马的冲锋、大规模的战场布局等，节奏相对较快，增强视觉冲击力。例如，在电影《赤壁》中，赤壁之战的全景镜头展现了战船林立、火光冲天的宏大战争场面，配合着士兵们的呐喊声，让观众感受到战争的磅礴气势，节奏快速而热烈；而在表现周瑜和诸葛亮之间的智谋较量时，多采用中景和近景，节奏相对平稳，突出人物之间的交流和心理变化。

14.2.3　音乐的选择与编排

音乐是战争片节奏的重要组成部分。

在战斗场景中，激昂的音乐能够增强紧张感和冲击力，如《加勒比海盗》系列电影中经典的战斗音乐，节奏强烈、鼓点密集，能够迅速点燃观众的情绪，让观众仿佛置身于激烈的战斗中。而在情感渲染的场景中，如士兵牺牲、战友诀别时，舒缓悲伤的音乐则能让节奏放缓，引发观众的情感共鸣。

14.2.4 音效的配合

音效同样不可或缺。

枪炮声、爆炸声、脚步声等音效能够增强战争的真实感，同时也能调节节奏。

在战斗激烈时，密集的枪炮声和爆炸声会让节奏加快，激烈的巷战场景中，枪声、爆炸声、直升机的轰鸣声交织在一起，营造出极度紧张的氛围，使节奏达到高潮。而在相对安静的场景，如夜晚的营地，偶尔传来的几声虫鸣、士兵的低语声，让节奏变得舒缓，为下一次的紧张情节做铺垫。

战争片节奏起伏的酝酿是一个综合性的创作过程，需要从前期策划、音乐音效等多个方面进行精心设计和协调配合。

只有这样，才能打造出一部节奏张弛有度、情感饱满的战争片，让观众在观影过程中感受到战争的残酷与人性的光辉，沉浸在精彩的故事之中。

下面通过两个实战案例来详细拆解 AI 战争片的制作技巧。

14.3 案例 1：用 AI 实现战斗机从航母上起飞

在战争片的创作过程中，若想打造炫酷吸睛的镜头，海面航母上的火力展示镜头几乎是不可或缺的元素。但如果仅仅呈现航母在海中航行的画面，未免过于单调乏味。因此，创作者应当致力于打造更贴合观众期待的场景，如战斗机从航母上起飞的镜头。那么，该如何实现这类场景的创作呢？其实，这比常规步骤仅多出一步。

需要特别强调的是，若要创作战争片，必须提前思考作品的写实程度。

若追求高度写实，就必须精确复刻武器装备，确保其与现实一致。对于 AI 生成的武器装备，很多是基于美国的原型，此时就需要创作者手动进行修改，将其替换为对应参与方的武器装备，以避免观众在观看时产生混淆，无法分辨交战双方的航母与战斗机，从而影响观影体验。因此，明确并精心修改武器装备的外观是战争片创作中不可忽视的重要环节。

首先，生成一张战斗机在航母上的远景镜头，如图 14.3 所示。

提示词：An F-35 jet taking off from the flight deck of an aircraft carrier, showcasing its high speed and precision in action. The camera is positioned on one side to capture the sleek silhouette against the backdrop of the open sea and sky. （译文：一架 F-35 喷气式战斗机从航母的飞行甲板上起飞，展示了其在行动中的高速和精确性。相机放置在一侧，在开阔的大海和天空的背景下捕捉光滑的轮廓。）

图14.3　AI生成战斗机在航母上的画面

　　然后，增加多角度的镜头。因为仅呈现单一镜头，画面略显单调，且缺乏叙述性镜头语言的支撑，所以通过增加多个角度的镜头可以丰富画面细节、提升影片的叙事表现力与艺术感染力，为观众带来更为丰富多元的视觉体验，使影片情节更加引人入胜。图14.4所示为AI生成的战斗机多角度镜头；图14.5所示为AI生成的战斗机驾驶舱内视角。

提示词：A stunning cinematic still of F-35 fighter jets landing on an aircraft carrier, with the deck visible in front and several fighter jets parked behind it. The camera is positioned at ground level to capture both the planes' bodies and their wings. This shot highlights the sleek design of each jet as they prepare for takeoff. It's a dynamic scene that showcases the strength and precision associated with these advanced aerial combat vehicles. （**译文**：这是一部令人惊叹的F-35战斗机降落在航母上的电影剧照，前面可以看到甲板，后面停着几架战斗机。相机位于地面，可以捕捉到战斗机的机身和机翼。这张照片突出了每架喷气式战斗机在准备起飞时的时尚设计。这是一个动态的场景，展示了与这些先进的空中作战车辆相关的力量和精度。）

图14.4　AI生成的战斗机多角度镜头

提示词：Realistic, high-definition footage of the pilot's perspective inside a single-engine aircraft flying over Canggu beach in a coastal port with a naval aircraft carrier in the background, cockpit view and instruments visible on the dashboard, hand covering the control stick, airplane just after takeoff from the airport.（译文：飞行员在沿海港口苍谷海滩上空飞行的单引擎战斗机内的真实高清镜头，背景是海军航母，驾驶舱视图和仪表板上可见的仪器，手盖住控制杆，战斗机刚从机场起飞。）

图 14.5　AI 生成的战斗机驾驶舱内视角

　　若要呈现战斗机从航母上起飞的完整过程，还需要综合运用多视角镜头语言。

　　具体而言，战斗机的正视、后视及舱内视角缺一不可。正视镜头可以清晰地展示战斗机的外观、结构与起飞瞬间的细节；后视镜头能捕捉战斗机尾焰、滑行轨迹及航母甲板全貌；舱内视角则让观众身临其境，感受飞行员操作及仪表盘变化，增强代入感。多视角切换不仅丰富了画面细节，而且更全方位地展现了战斗机的起飞过程，从而提升影片叙事表现力与艺术感染力。

　　在实际操作中，后视与舱内视角的视频画面生成相对简单，只需让画面元素稍作动态调整即可。而战斗机在航母上按预定轨道滑行起飞的镜头则更具挑战性。为实现这一复杂场景，需要借助运动笔刷功能。

　　以可灵 AI 为例，在可灵 1.5 版本（图 14.6）中上传图像后，选择高品质生成模式，通过"运动笔刷"精确描绘战斗机的滑行轨迹与起飞动作，从而生成流畅自然且符合物理规律的动态画面，完美呈现战斗机在航母上起飞的壮观场景。

图 14.6　可灵 1.5 版本

最后，也是最关键的一步，单击"运动笔刷"，对战斗机进行局部涂抹处理，然后选择合适的运动轨迹，沿着跑道方向，使战斗机呈现向上的运动态势。

在此过程中，需要格外留意，涂抹范围仅限于战斗机本身，务必避免将战斗机之外的多余部分纳入涂抹范围，否则极易导致画面出现失真、变形等异常情况，破坏整体画面的协调性与真实性，影响最终的视觉效果。图 14.7 所示为运动笔刷涂抹设置。

图 14.7　运动笔刷涂抹设置

完成涂抹处理后，单击"确认添加"按钮。然后在提示词输入框中输入诸如"战斗机沿着跑道在航母甲板上缓慢起飞，飞向天空"等具体描述性提示词。

借助可灵 AI 的智能处理功能，系统将根据所给提示词，结合之前涂抹添加的运动轨迹信息，自动生成战斗机在航母上起飞的逼真动态效果。图 14.8 所示为 AI 生成的战斗机起飞画面。

图 14.8　AI 生成的战斗机起飞画面

通过上述步骤，运用 AI 技术制作生成了战斗机从航母上起飞的画面。在生成的视频画面中，战斗机依据预设的运动轨迹，在航母甲板上平稳滑行并顺利起飞，逐渐飞向广阔天空。

整个起飞过程流畅自然，为观众生动地呈现出壮观且真实的战斗机起飞场景。

在这一过程中，如果细节把握细腻、节奏松紧有序、音效逼真恰当，则最终的制作效果足以媲美实拍战争大片的水准。

14.4 案例 2：用 AI 制作出战斗机在空中交火的画面

在案例 1 中，完成了战斗机从航母上起飞的准备工作，起飞后战斗机在空中交火的画面制作更具挑战。

虽然传统影视剧依赖大量特效技术，难以实拍战斗机在空中交火的画面，但如今借助 AI 可以完整实现。AI 已学习大量相关镜头，创作者只需稍加利用即可。

因为激烈的空战场景必定穿插着连续的多角度镜头，包括远景、中景、近景的切换以及对驾驶员表情的描写，所以在制作时应考虑通过多角度镜头与快节奏剪辑模拟影视效果，因为 AI 无法生成连续镜头。

下面介绍具体操作步骤。

首先，生成驾驶舱内的特写镜头，聚焦飞行员，添加其戴上护目镜的画面细节以增强真实性，以及驾驶舱内部的其他细节画面，如各种仪表盘、操作杆及座椅等元素，确保画面细节丰富且真实可信。图 14.9 所示为 AI 生成的战斗机飞行员镜头；图 14.10 所示为 AI 生成的战斗机飞行员关闭头盔镜头。

提示词：A pilot in the cockpit of an F-20 fighter jet, with helmet and visor open, looks out at their wingman flying above them, who is performing stunt jumps from their aircraft into the clear blue skies, as seen through camera footage on video recording equipment, showcasing impressive flight skills. The sky behind them is reflected on the plane's surface, adding to the dramatic scene. （**译文**：一名飞行员坐在一架 F-20 战斗机的驾驶舱里，头盔和面罩打开，看着他们头顶上的僚机，僚机正在从战斗机上进行特技飞行动作，飞向晴朗的蓝天，通过录像设备上的镜头可以看到，展示了令人印象深刻的飞行技能。他们身后的天空在战斗机表面反射，增添了戏剧性的场景。）

图 14.9　AI 生成的战斗机飞行员镜头

图 14.10　AI 生成的战斗机飞行员关闭头盔镜头

然后，补充战斗机在空中飞行的画面，如图 14.11 所示。

为营造紧张的战斗氛围，可选择以暗色调进行绘制。通过调整画面色彩与光影效果，使整个场景沉浸在一种压抑、神秘的氛围中，预示着即将到来的激烈战斗。这样既能增强画面的视觉冲击力，又能为后续的空战情节发展做好铺垫。

提示词：Three F-22 Raptor fighter jets soaring through the clouds, a dramatic cinematic scene, epic and action-packed, a hyper-realistic high-resolution photograph.（译文：三架 F-22 猛禽战斗机在云层中翱翔，这是一个戏剧性的电影场景，史诗般的动作场面，一张超现实的高分辨率照片。）

图 14.11　AI 生成的战斗机在空中飞行的画面

接下来，为了让观众更加身临其境地感受空战的紧张氛围与刺激感，还需要从第一人称视角绘制飞行员看向窗外的驾驶舱视角。图 14.12 所示为 AI 生成的战斗机窗外视角。

提示词：Realistic shot of the inside of the cockpit, with the pilot in the crosshairs, their hands on the controls as sunlight filters through the clouds above the ocean below. The camera captures the view outside the window, showing an epic sky with distant sun rays shining down. In close-up, the focus right behind the pilot reveals the unique shape of the clouds, adding depth to the scene. （译文：驾驶舱内部的真实照片，飞行员在镜头焦点处，他们的手放在控制装置上，阳光穿过下面海洋上方的云层。相机捕捉到窗外的景色，显示了一个史诗般的天空，远处的阳光照耀着。在特写镜头中，飞行员身后的焦点显示了云层的独特形状，为场景增添了深度。）

图 14.12　AI 生成的战斗机窗外视角

在画面中，可以适当加入远处的敌机、云层中的光线穿透效果以及战斗机飞行时产生的气流波动等元素，增强画面的层次感与动态感。同时，为了契合战斗氛围，可以继续沿用暗色调进行色彩调整，使整个画面沉浸在一种紧张、压抑的氛围中，预示着激烈战斗的随时爆发。

此外，在绘制过程中，要注意画面的连贯性与逻辑性，确保第一人称视角的画面能够与之前生成的驾驶舱内特写镜头以及战斗机在空中飞行的画面自然衔接，形成一个完整且富有节奏的空战场景序列，为观众带来连贯、震撼的视觉体验。

交火画面无疑是整部片中的高潮部分。在前期通过驾驶舱内特写、窗外飞行画面等多角度镜头的铺垫，已经营造出了紧张的战斗氛围。最后，为了将这一大场面生动地描绘出来，只需添加几个战斗机旁边围绕导弹的镜头即可。

具体来说，可以从战斗机的侧面、后方及更高的角度来捕捉导弹发射的瞬间。在画面中，导弹从战斗机的武器挂架上释放，喷射出耀眼的火焰，沿着预定的轨迹高速飞向目标，如图 14.13 所示。

提示词：A cinematic shot of fighter jets flying in formation, firing their missiles against a high-dynamic-range (HDR) sky, in the style of a realistic action movie, directed by Michael Bay（译文：迈克尔·贝执导的一部现实主义动作片风格的电影镜头，战斗机编队飞行，发射导弹，背景是高动态范围（HDR）天空）

图 14.13　AI 生成的战斗机交火镜头（1）

为了增强视觉冲击力，可以采用慢动作效果来呈现导弹发射的细节，如导弹离开发射装置时的微小震动、尾焰的扩散等。图 14.14 所示为 AI 生成的战斗机交火镜头。

同时，为了保持整体画面的连贯性和节奏感，这些围绕导弹的镜头应与之前的驾驶舱视角画面以及战斗机在空中飞行的画面自然衔接。图 14.15 所示为 AI 生成的战斗机交火镜头。

提示词：A C-5M Super Galaxy aircraft flying through the clouds, dropping burning white smoke trails from its wing tips in the style of an epic movie scene, with an aerial view of it. The sky is full of white clouds and there's some light fog around.（译文：一架 C-5M 超级银河飞机在云层中飞行，从翼尖喷出燃烧的白烟轨迹，呈现出史诗般的电影场景效果，并从空中俯瞰。天空中布满了白云，周围还弥漫着一些轻雾。）

图 14.14　AI 生成的战斗机交火镜头（2）

提 示 词：A dynamic action scene of fighter jets in the sky, streaking across an arid, caramel-colored field with explosions and fire from rocket-fueled wars, creating intense visual effects. The background is filled with smoke clouds, adding to the dramatic atmosphere. Shot in the style of Michael Bay using an Arri Alexa with Zeiss Master Anamorphic Lenses,（译文：一个动态的动作场景，战斗机在天空中划过一片干旱的焦糖色田野，伴随着火箭战争的爆炸和火焰，创造出强烈的视觉效果。背景中弥漫着浓烟，增添了戏剧性的气氛。这一场景以迈克尔·贝的风格拍摄，使用配备蔡司 Master Anamorphic 镜头的 Arri Alexa 摄影机，）

图 14.15　AI 生成的战斗机交火镜头（3）

总结一下，在制作过程中，从多视角镜头语言的运用，到运动笔刷功能的精细操作，再到提示词的准确输入，每一步都至关重要。

当这些精心设计的分镜头通过图生视频技术生成后，还差一步便是后期剪辑。

在后期剪辑过程中，需要以激情澎湃的节奏将它们串联起来。

首先，从驾驶舱内特写镜头切入，让观众迅速代入飞行员的视角，感受其紧张情绪。接着，切换到战斗机在空中飞行的画面，展示战斗机的机动性与速度感。随后，插入战斗机旁边围绕导弹的镜头，将战斗氛围推向顶点。

在剪辑时，注意镜头之间的过渡要自然流畅，节奏要紧凑明快，以增强整体的视觉冲击力与观赏性。通过这样的剪辑手法，原本独立的分镜头将被有机地整合在一起，形成一个连贯、刺激且极具电影质感的空战场景，使观众仿佛置身于一场真实的空战之中，带来震撼人心的视觉体验。

通过上述步骤，一部逼真的 AI 战争大片就新鲜出炉了。

当然，现代的空战画面很少有如此近距离的战斗场景。在实际的现代空战中，更多的是超视距作战，隐形战斗机在数百千米外互相发射导弹，通过先进的雷达和导弹技术在远距离上完成交战。

本章作为一个技术介绍，不追求完全还原这种超视距作战的画面，而是通过近距离的空战场景来展示 AI 在战争片制作中的应用潜力。这种技术可以为影视创作者提供更多的创意空间和制作手段，让战争片的创作更加多样化和富有想象力。

第 15 章

AI武侠片黑科技：复刻《卧虎藏龙》竹林飞跃、《唐朝诡事录》卢凌风穿越现代

武侠片作为中国传统文化与侠义精神的独特载体，承载着无数人的江湖梦想。在 AI 技术的助力下，这一梦想的实现路径被彻底重塑。

在笔者的无数次实验中，用 AI 制作武侠片被证明是最具挑战性的领域之一。它不仅需要对妆造环境有极高的中国元素要求，还需要高难度的肢体动作与流畅的运动跟踪镜头。

在动作设计方面，AI 能够生成高难度的武打动作，并通过运动跟踪技术确保动作的流畅性。同时，AI 绘画工具通过文本 – 图像跨模态理解实现创作，用户可以通过调整关键词权重控制画面元素的主次关系，利用否定词缀排除干扰元素，从而生成符合武侠氛围的画面，让观众看到犹如实拍的穿屋越脊、飞檐走壁的武侠效果。

此外，AI 技术还能够修复老武侠片的画质问题，如去除威亚痕迹、提升清晰度、增强色彩等，使经典作品焕然一新。如果有学会的读者，可以尝试用 AI 修复一下诸如《霍元甲》《陈真》及 1983 版的《射雕英雄传》等经典武侠片，或许会有不一样的惊喜效果。

本章将通过实战案例，用 AI 技术实现我们心中的武侠梦。

15.1 生成期望中的中国古代人物造型

在 AI 武侠片制作中，生成精准且富有韵味的中国古代人物造型是一大难点。传统的中国古代人物造型涵盖服饰、发型、妆容等多个方面，其风格多样，细节繁杂，蕴含着深厚的历史文化内涵。

为解决这一问题，首先要扩充 AI 训练的数据。收集海量的中国古代服饰、发型、妆容等图像资料，包括不同朝代、不同阶层人物的造型，如秦汉的曲裾深衣、唐代的襦裙、宋代的褙子等，以及与之对应的发型和妆容特点。再使用 AI 图像生成工具，如 Midjourney、SD，精心编写提示词。例如，想要生成一位宋代女侠的造型，提示词可以详细描述为"一位宋代女侠，身着淡蓝色窄袖褙子，搭配白色百褶罗裙，腰间束一条绣着翠竹的丝绦，头发梳成高髻，插着一支玉簪，妆容淡雅，眼神坚毅"。图 15.1 所示为 AI 生成的古代女侠。

通过这样丰富且精准的提示，引导 AI 生成更符合预期的造型。

在具体的制作过程中，仅依靠提示词进行调整的效率相对较低，其生成结果的随机性较高，充满不确定性。因此，我们也可以采用 SD 的符合古代武侠风格的 LoRA 模型来实现较好的造型统一效果。

图 15.1　AI 生成的古代女侠（1）

　　需要注意的是，无论怎样训练 LoRA 模型，生成的图像仍会带有一定的随机性，这意味着生成的图像与真实的古代服饰等细节仍可能存在一定程度的差异。如果对这种差异有较高要求，追求更高的准确性和一致性，那么只能通过手动调整的方式来解决。

提示词： 1 girl, weapon, nature, bow, forest, black hair, long hair, bamboo forest, solo, arrow, bullet, handheld, handheld bow, handheld weapon, bamboo, aiming, pulling bow<lora:Candy Martial Arts: 0.6>,（译文：1 个女孩，武器，自然，弓＼（武器＼），森林，黑发，长发，竹林，独自，箭＼（弹丸＼），手持，手持弓＼（武器＼），手持武器＼（武器＼），竹子，瞄准，拉弓，<lora：糖果武侠：0.6>,）

　　图 15.2 所示为 AI 根据以上提示词生成的古代女侠。

图 15.2　AI 生成的古代女侠（2）

提示词： <lora: Candy Martial Arts: 0.6>,1 girl，weapon, solo, sword, long hair, black hair, nature, holding, forest, handheld weapon, bamboo, bamboo grove, handheld sword, realistic, hairdo, blurred, closed, long sleeve, combat pose,（译文:<lora：糖果武侠:0.6>,1个女孩，武器，独自，剑，长发，黑发，自然，持有，森林，手持武器，竹子，竹林，手持剑，逼真，发髻，模糊，闭合，长袖，战斗姿势，）

图 15.3 所示为 AI 根据以上提示词生成的古代女侠。

图15.3　AI 生成的古代女侠（3）

即使拥有充足的数据与精准的提示词，AI 生成的造型在细节方面可能依然存在一些不足。这就需要借助人工干预和后期调整来完善。例如，用 Photoshop 等专业图像编辑软件，对 AI 生成的造型图像进行精细处理（调整服饰的褶皱细节，使其更契合人体运动规律；优化发型的层次感与发丝质感，使其更加逼真；对妆容的色彩及晕染效果进行微调，使其更具美感与时代特色）。

通过人工与 AI 的协同合作，可以打造出令人满意的中国古代人物造型。

15.2　生成想象中的高难度武侠打斗动作

武侠片中的高难度打斗动作是其核心看点之一，然而 AI 生成这些动作存在一定难度。高难度打斗动作不仅要求动作流畅、协调，还需要体现出武侠的风格和技巧。但 AI 在生成肢体动作时会出现各种问题，如身体不符合逻辑或动作不符合预期。下面介绍解决以上问题的两种方法。

第一种方法是利用 SD 中的插件动作参考来生成，虽然这样做出来的效果没有直接生成的质量高，但是能在一定程度上保证肢体符合预期。

第二种方法是在 SD 中寻找一个专属动作的 LoRA 模型。LoRA 模型不仅有调节衣服或人物风格的功能，还可以生成动作。

这里笔者找到几个适合用作武侠动作的 LoRA 模型，读者可以借助 LoRA 模型功能生成武侠动作。

提示词：kung fu style,martial arts,a Shaolin monk acting, Qi explosion, elemental storm, spirit barrier, mystique energy, Prana streams, Yin yang balance, volumetric fog, [martial arts movie : photo : 0.2],(kung fu style elements:1.1),(hyperdetailed:1.1),(intricatedetails:1),(refined details:1.1),(best quality:1.1),(high resolution:1.2),(masterpiece),high quality, (**译文**：功夫风格，武术，少林僧人表演，气爆，元素风暴，精神屏障，神秘能量，普拉那溪，阴阳平衡，体积雾，[武术电影：照片：0.2]，（功夫风格：1.1），（超精细：1.1），（精细细节：1），（精致细节：1.1），（最佳质量：1.1），（高分辨率：1.2），（杰作），高质量，)

图 15.4 所示为 AI 根据以上提示词生成的高难度动作。

图 15.4　AI 生成的高难度动作

提示词：(((masterpiece))),(((best quality))),Photorealistic capture of a Chinese woman,18 years old,in a fierce martial arts stance in an ancient Chinese room. The early morning light streams through the wooden slats of the dojo,casting a geometric pattern over her determined face and the traditional Chinese outfit she wears. The dust particles in the air add a tangible sense of the moment,and the old,worn floor details the history of the place. This image not only showcases her skill and focus but also pays homage to the tradition and discipline of Chinese martial arts.kung fu style, (**译文**：(((杰作)))，(((最佳品质)))，真实地捕捉到在一个古老的中国房间里一个 18 岁的中国女人激烈的武术姿势。清晨的阳光穿过道场的木条，在她坚定的脸上和她穿的中国传统服装上投射出几何图案。空气中的灰尘颗粒为这一刻增添了一种有形的感觉，而破旧的地板则详细记录了这个地方的历史。这张照片不仅展示了她的技巧和专注，也向中国武术的传统和纪律致敬。功夫风格，)

图 15.5 所示为 AI 根据以上提示词生成的扎马步动作。

图 15.5　AI 生成的扎马步动作

借助上述两种方法，皆可生成我们期望的专属动作。

在实际操作中，我们不必对动作的规范性过于苛求，毕竟 AI 生成结果本身具有一定的随机性，而影视作品的制作更注重整体的连贯性与流畅性。在制作影视作品时，确保整体的完整性和流畅性是首要任务。当然，细节的打磨对于提升作品质量至关重要，但如果在某些难以生成的动作上耗费过多时间，将导致制作效率降低。

此时，灵活变通显得尤为重要，可以选择更换动作或采用其他画面进行替代，从而确保整个制作过程的高效推进。

下面将通过两个案例制作 AI 武侠片。

15.3　案例 1：《卧虎藏龙》竹林飞跃镜头的分镜拆解与复现

笔者曾制作一个视频，内容为一个驾车者穿越至古代，与一位身怀轻功的女子展开激烈追逐。我们在影视剧中常见的轻功场景，仅凭一根威亚吊起演员，使其在空中飞来飞去，看似简单，实则在 AI 生成领域极具挑战性。

要通过 AI 呈现轻功，必须借助参照物进行对比，如移动的景色等元素，这需要大量复杂的运动镜头和景色转换。实拍时，仅需摄像机运动即可实现，但对 AI 而言极为困难。

因此，在 AI 制作武侠片时，采用多角度的方法来体现场景的变换及移动，通过不同的视角切换，让这件看似不可能实现的事情变得有可能实现。

下面模拟武侠电影《卧虎藏龙》中竹林飞跃的经典镜头，通过分镜拆解，用 AI 实现这一特效。

首先，用一个人物的正面描写来描述角色飞舞而来的场景，如图 15.6 所示。

图 15.6　AI 生成的角色飞舞镜头

提示词: An ancient Chinese woman dressed in a white Hanfu is flying through the bamboo forest, with her hands raised and legs kicking up to reach out towards the viewer. The background of green bamboo forests shrouded in mist creates an ethereal atmosphere. In a cinematic style, with photographic and lighting effects, the character's figure appears very small against the backdrop of towering bamboo trees.（译文：一位穿着白色汉服的中国古代女子在竹林中飞舞，她举起双手，踢腿向观众伸去。笼罩在薄雾中的绿色竹林背景营造出一种空灵的氛围。在电影风格中，通过摄影和灯光效果，角色的形象在高耸的竹子背景下显得很小。）

接下来，在第二个画面中用人物的侧身视角来彰显其在空中的飞跃。通过这种多角度的镜头运用和视角切换，使得 AI 生成的轻功场景更加真实、立体，为观众呈现出一场精彩绝伦的追逐战。图 15.7 所示为 AI 生成的角色飞跃镜头。

图 15.7　AI 生成的角色飞跃镜头

提示词: A young woman in a white Hanfu dress, flying through the air like an ancient swordswoman from the Tang Dynasty of China, with long hair and sharp eyes, wearing boots made of silk fabric, is suspended between two bamboo forests, creating a cinematic scene. It was shot in the style of Zhang Yimou using Sony A7S III cameras, providing cinematic effects. The background features bamboo forest trees, misty smoke, and soft lighting （译文：一位身穿白色汉服的年轻女子，像中国唐朝的古代女剑客一样在空中飞跃，留着长发，目光敏锐，穿着丝绸靴子，悬挂在两片竹林之间，创造了一个电影场景。以张艺谋的风格拍摄，使用索尼A7S III相机，提供了电影般的效果。背景以竹林树木、薄雾和柔和的灯光为特色）

若要凸显轻功的飘逸与灵动，在追求绚丽视觉效果的同时，仍需要遵循一定的物理逻辑和现实依据，使画面更具真实感和说服力。因此，选择一个脚踩竹子借力的画面，通过竹子的弯曲与恢复来体现轻功的发力过程，这种设计既能展现轻功的巧妙技巧，又能增强画面的动态感和节奏感，为观众呈现出一场精彩绝伦的武侠追逐场景。图 15.8 所示为 AI 生成的角色踩竹子镜头。

图15.8　AI 生成的角色踩竹子镜头

提示词：A Chinese woman in white is balancing on the bamboo bridge, with her back to us and legs hanging down. The background features tall green trees. Her hair has been styled into an elegant bun. She wears simple shoes that match her attire. A large sky can be seen above, creating a cinematic atmosphere. Shot from behind at eye level, the photo captures every detail of her figure. Captured using a Canon EOS R5 camera with an RF60mm F2.8 lens for close-up shots. （译文：一位身着白衣的中国女子在竹桥上保持平衡，背对我们，双腿垂下。背景是高大的绿树。她的头发梳成了一个优雅的发髻。她穿着简单的鞋子，和她的装束很相配。上方可以看到广阔的天空，营造出电影般的氛围。这张照片是从眼睛水平的后方拍摄的，捕捉到了她身材的每一个细节。使用佳能 EOS R5 相机和 RF60mm F2.8 镜头进行特写拍摄。）

在呈现了脚踩竹子借力的镜头之后，随后采用后方视角来展现角色在空中快速飞过的背影。图 15.9 所示为 AI 生成的角色奔跑镜头；图 15.10 所示为 AI 生成的角色飞跃镜头。

图 15.9　AI 生成的角色奔跑镜头

图 15.10　AI 生成的角色飞跃镜头

　　此制作角度能够充分凸显角色身姿的矫健与动作的敏捷，同时增强画面的层次感和动态感，使观众能够更加身临其境地感受到武侠追逐场景的紧张与刺激，仿佛与角色一同穿梭于古代的山林之间，见证这场充满侠义精神的追逐之战。

　　将所有文生图作为画面的分镜头，把图生视频当作拍摄的 5 秒镜头。

　　通过无数这样的镜头切换链接，一个完整的影视作品便得以呈现。在此逻辑下，将连续的画面拼接在一起，类似《卧虎藏龙》中的竹林打斗场面也被 AI 巧妙复刻，再配以逼真的音效和后期剪辑，一部 AI 武侠大片就制作出来了。

这种创新的制作方法，不仅能够成功复刻经典武侠场景，还为影视创作带来了新的可能性。它不仅适用于武侠片，也为其他类型影视作品的制作提供了新的思路和方法。通过 AI 技术，创作者们能够更高效地完成高质量的影视制作，为观众带来更加丰富多样的视觉体验。

15.4 案例 2：实现《唐朝诡事录》中的卢凌风骑马从汽车顶上一跃而过场景

笔者创作的 AI 视频作品中，有一条视频与热门电视剧《唐朝诡事录》进行了创意联动。其中，卢凌风骑马与汽车赛跑，并从车顶一跃而过的镜头备受关注。这一镜头不仅视觉冲击力强，还给观众带来了一种新奇的体验。许多观众对这一镜头的生成过程表现出浓厚的兴趣。图 15.11 所示为 AI 生成的骑马飞跃汽车镜头。

接下来，笔者将详细讲解这一镜头的制作方法，包括如何利用 AI 技术生成符合预期的画面，以及如何通过后期处理使整个场景更加逼真和流畅。

图 15.11　AI 生成的骑马飞跃汽车镜头

生成这一画面，关键在于确保两个角色之间的动作协调与场景连贯。

因此，这里选择了 Photoshop 合成的方法。首先，利用 AI 生成一张汽车在沙漠中行驶的高质量背景照片，要求画面清晰且具有动态感，以展现汽车的高速行驶状态。在生成背景照片时，通过调整提示词，使画面呈现出合适的光线和沙漠环境细节，为后续添加角色做好准备。图 15.12 所示为 AI 生成的汽车镜头。

提示词： A black BMW in the desert, amid sand dunes, with an action movie-style, cinematic, advertising photography, and commercial video feel. The image has an ultra-realistic,cinematic quality, captured using a Sony Alpha camera. (**译文：** 沙漠中沙丘中的黑色宝马，具有动作片风格、电影感、广告摄影及商业视频的感觉。这张照片具有超现实、电影般的品质，是用索尼阿尔法相机拍摄的。)

图 15.12　AI 生成的汽车镜头

然后，利用 AI 绘画工具生成卢凌风骑着马的图像。

提示词： An ancient Chinese man in black armor rides on the back of an elegant horse, galloping through vast sand dunes. The scene is captured with a Sony A7R IV camera and has cinematic lighting effects. It's a high-definition photo that showcases the character riding at full speed. The desert landscape adds to its dramatic effect, while the movie-like cinematography highlights every detail of his movements and expressions. This shot creates a sense of adventure and excitement, in the style of ancient Chinese art. (**译文：** 一位身穿黑色盔甲的中国古代男子骑在一匹优雅的马的背上，在巨大的沙丘上疾驰而过。该场景由索尼 A7R IV 相机拍摄，具有电影般的灯光效果。这是一张高清照片，展示了角色全速骑行的英姿。沙漠景观增添了戏剧性的效果，而电影般的摄影突出了他的动作和表情的每个细节。这张照片以中国古代艺术的风格，营造了一种冒险和兴奋的氛围。)

通过专业图像编辑软件，如 Photoshop，对其进行精细的抠图处理，将其从背景中分离出来，成为可以独立操作的元素。这一步骤要求精确的边缘处理和色彩调整，以确保合成后的图像自然逼真，如图 15.13 所示。

图 15.13　抠图界面

　　接下来，将汽车在沙漠中行驶的背景照片与卢凌风骑马的图像进行合成。在专业图像编辑软件中，通过精确的抠图技术将卢凌风骑马的部分从背景中分离出来，再将其叠加到汽车行驶的背景照片上。合成效果如图 15.14 所示。

图 15.14　合成效果

　　为了确保画面的和谐统一，对合成后的图像进行色调微调，调整色彩平衡、对比度和饱和度等参数，使两个元素的色彩风格相融合，最终得到一张自然逼真的合成图像。

　　为了实现卢凌风骑马飞跃汽车的动态效果，需要运用之前提及的运动笔刷功能。

在此以可灵 AI 为例，具体操作步骤如下：

（1）将合成的图像上传至可灵 AI 平台。

（2）在编辑界面中选择"运动笔刷"工具，"运动笔刷"界面如图 15.15 所示。

图 15.15　"运动笔刷"界面

（3）分别对卢凌风骑马和汽车两个主题元素进行独立的运动轨迹涂抹，同时为它们选择合适的运动路径，以确保生成的动态画面中两个元素的运动自然且协调。

此外，考虑到实际拍摄中镜头通常会有轻微的运动，如果希望在生成的画面中模拟这种效果，可以适当调整镜头的运动参数；反之，若希望镜头保持静止不动，则可以使用静态笔工具来涂抹区域，从而固定镜头视角。

涂抹完成后进行生成，即可制作出卢凌风骑马飞跃汽车的动态画面，是不是有一种影视大片的既视感？

由于 AI 生成结果具有一定的随机性，可能需要多次生成以筛选出最佳效果。如果多次尝试后仍不满意，创作者需要调整运动轨迹及提示词，以引导 AI 生成更符合预期的画面。通过这种反复调整与优化的过程，创作者就能够利用 AI 技术实现复杂的动作场景，制作出自己心目中的 AI 武侠大片。

第 16 章

Sora终极指南：从入门到封神的玩法

在万众期待的目光中，Sora 正式上线，它代表着当前 AI 视频生成领域的顶尖水平。

至于它是否能够显著超越市面上的其他视频生成模型，是否物有所值，以及最重要的，如何使用这一具有划时代意义的视频生成模型，笔者将用最简洁明了的方式来阐述。

从技术参数来看，Sora 确实是全球范围内能力最强的视频生成模型之一。它可以生成分辨率高达 1080P、长度可达 20 秒的视频，涵盖横屏、竖屏及正方形等多种灵活分辨率。

除了基本的文生图和图生视频功能外，Sora 还提供了一系列高级操作，如按指令编辑视频、向前或向后扩展视频、按故事板组织视频、无缝衔接转场视频以及视频风格迁移转绘等。这些功能使其成为目前市场上功能最全面的视频生成产品之一。

经过一番实战出片之后，笔者认为，Sora 的推出为视频制作领域带来了新的变革，其强大的功能和灵活性为创作者提供了更多的可能性和创造力。

本章将引导读者对 Sora 进行基础性认知。

16.1　新手必看：Sora 基础功能模块详解

Sora 的操作十分简便，可按以下步骤进行尝试。

在浏览器的地址栏中输入 Sora.com，进入 Sora 全球唯一指定官网，如图 16.1 所示。

单击官网界面右上角的 Login 按钮，随即弹出登录页面，使用 ChatGPT 账户登录。

图 16.1　Sora 主页

在 Sora 的官网界面中，视频生成的入口位于下方的小对话框。单击该对话框后，即可使用任意语言来描述想要生成的视频内容。

下方的一排按钮则用于控制生成参数，通过这些按钮来调节视频的生成比例、分辨率，以及整段视频的持续时长。图 16.2 所示为 Sora 参数设置页。

图 16.2　Sora 参数设置页

需要注意的是，最后一个按钮用于控制生成变体的数量。与 Midjourney 等生图应用类似，Sora 在生成视频时，一次可以提供多个有细微差别的选项，从而为用户提供更丰富的选择。

不过，更高清、持续时间更长、变体更多的视频也会消耗更多的积分。

在完成参数设置和内容描述后，单击最后一个问号（？）按钮，将实时显示相关信息。随后，单击右下角的"上传"按钮↑，即可将这个视频添加进生成队列里。

当视频内容生成完成后，用户可以在预览界面实时查看效果。在操作过程中，将光标悬停于视频区域即可触发自动播放功能。系统支持与主流视频剪辑软件相似的时间轴交互模式，用户可以通过横向拖曳光标实现视频进度的精准定位与实时预览。

若对生成效果存在优化需求，用户可以执行以下操作流程：首先，单击视频预览区，调出编辑面板；然后，通过"编辑提示词"功能按钮修改关键参数；最后，确认参数调整后执行重新生成指令。

系统同时提供快捷功能导航模块，包含多个预设功能按钮，用户可以根据创作需求将当前视频素材一键跳转至其他功能模块进行后续处理。

图 16.3 所示为 Sora 左侧状态栏。其包括 Explore（探索）和 Library（资源库）两个功能模块。

（1）Explore（探索）功能模块包括三个功能：Recent（最近）、Featured（特色）、Saved（已保存）。

（2）Library（资源库）功能模块包括四个功能：All videos（所有视频）、Favorites（收藏）、Uploads（上传）、

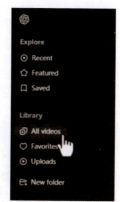

图 16.3　Sora 左侧状态栏

New folder（新建文件夹）。

除了可以根据提示词生成视频外，Sora 还具备图生视频功能，以及通过上传图像作为首帧来引导后续视频内容生成的功能。

用户只需单击界面最左侧的"+"按钮，即可上传所需图像。

上传图像后的参数设置与文生视频设置相似，由于已有图像作为参考，用户可以选择不填写提示词，但为了获得更理想的生成效果，建议根据预期进行适当描述。生成的视频将被保存至资料库中。

在视频生成过程中，Sora 软件提供了一项人性化功能——Presets（风格预设）。

用户可以单击"+"按钮旁的小图标，为即将生成的视频套用一组风格预设，从而快速实现特定风格视频的创作。

Sora 风格化预设界面如图 16.4 所示。其中包括以下功能：Manage（管理）、None（无）、Story（故事）、Balloon World（气球世界）、Stop Motion（定格动画）、Archival（档案）、Film Noir（黑色电影）、Cardboard & Papercraft（纸艺风格）。

图 16.4　Sora 风格化预设界面

风格预设实际上是一种提示词工程。

单击界面顶部的 Manage 按钮后，即可查看每种风格所对应的提示词预设内容。图 16.5 所示为 Sora 风格预设详细界面。

图 16.5　Sora 风格预设详细界面

16.2　进阶秘籍：仅凭文字就能修改视频

在当前主流视频生成模型普遍具备基础预览与编辑功能的背景下，Sora 通过模型迭代实现了突破性的功能创新。下面详细介绍 Sora 模型的具体功能。

第一个功能是 Remix（内容重组），为用户提供了行业领先的视频局部编辑功能。该功能允许用户通过自然语言指令精准定位视频画面中的特定元素。例如，用户可以通过"将第八秒的夕阳替换为星空"这一文本指令，让系统自动识别并解析目标帧的视觉特征，调用多模态生成算法完成局部画面重构。

这种编辑模式突破了传统视频处理软件需要逐帧操作的局限性，实现了语义层级的智能编辑。Sora Remix 界面如图 16.6 所示。

图 16.6　Sora Remix 界面

在视频生成领域中，虽然众多模型曾提出通过文字指令编辑视频的功能，但Sora 是首个真正实现这一功能的模型，并且效果极为自然，修改后的视频几乎无编辑痕迹。

这标志着未来后期特效等工作门槛将随此类功能的普及而逐渐降低。

第二个功能是 Re-cut（重新剪辑），专注于视频片段的剪辑与延展。单击打开该功能，视频下方会添加一条时间轴，这是 Sora 诸多进阶功能的核心所在，为用户提供了更精细的视频编辑体验。Re-cut 界面如图 16.7 所示。

图 16.7　Re-cut 界面

使用 Sora 的 Re-cut 功能延长视频时，若默认延长时间轴总长 5 秒，可以通过参数设置将其延长至 10 秒，在原视频后将出现 5 秒空白时间轴，如图 16.8 所示。

单击相应按钮进行生成后，Sora 会基于前面内容自行发挥，捕捉空白部分，为视频补充 5 秒后续片段。

延长方式灵活多样，在时间轴上，通过拖曳可以改变已有视频片段位置，将其拖至结尾可以使视频向前延长。此外，通过拖曳视频块两侧边缘可以进行裁切，预留更多延长空间。若将视频块剪开，还能在中间插入新片段。

在视频生成过程中，所有参数均可重新调整，也可以为延长片段应用前述风格预设。

若结合接下来要介绍的故事板功能，则能更精准地控制视频内容生成方向。

图16.8　Re-cut 操作界面

第三个功能是 Blend（视频混合），可以在不同视频间创建平滑转场过渡。

用户可以选择上传本地视频作为转场后半段，或者从已生成的资料库中挑选。

选好后进入编辑界面，主要任务是创建从上段视频到下段视频的过渡。

过渡时长通过拖曳两侧边缘的拉杆控制。

设置完成后，单击 Blend 按钮，Sora 会生成一段富有变化且过渡自然的视频片段，为视频创作增添更多创意可能。Blend 效果展示如图 16.9 所示。

图16.9　Blend 效果展示

通过对前后视频片段的合理把控，Sora 的 Blend 功能可以创造出多样且有趣的视觉效果。由于支持自定义视频片段的上传，它也被广泛应用于制作各种独特的视觉特效。Blend 功能如图 16.10 所示。

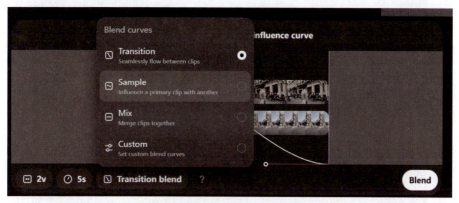

图 16.10　Blend 功能

在操作过程中，过渡效果的细节可以通过调整中间曲线来实现一定程度的控制：当曲线向上偏移时，上方视频对过渡部分的影响会相应增大；反之，则是下方视频的影响更为显著。默认设置下，曲线所生成的过渡效果相对平滑自然。

此外，Blend 功能还提供了三种不同的曲线预设选项，理论上它们在效果上存在一定差异。然而，由于每次生成过程中都存在一定的随机性，实际效果可能会有所不同，因此在实际应用中往往需要对多种生成结果进行比较和评估，以选择最符合需求的过渡效果。

第四个功能是 Loop（视觉风格调控），可以创建循环播放的视频片段。普通视频播放至结尾会自动跳回开头，但由于首尾帧不同，会产生视觉卡顿。

在 Loop 功能中打开视频后，其首尾部分会被裁剪并重新生成，以实现无缝循环播放。

单击 Loop 按钮后，即可获得可以无限循环播放的视频。

默认裁剪范围较小，若视频运动幅度较大，可以拖动两侧边缘调节裁剪区域，使首尾帧更相近，从而优化循环效果。图 16.11 所示为 Loop 功能界面。

第五个功能是 Storyboard（故事板），具有生成式 AI 时代的颠覆式创新意义，为视频创作者提供了强大助力。图 16.12 所示为 Storyboard 功能界面。

单击"上传"按钮⬆旁的 Storyboard 按钮（图 16.2），即可进入编辑界面。当输入较长的提示词时，Sora 会自动拆分并进入故事板模式。该界面以空白时间轴为主体，配有黑色文本框，代表故事板中的分镜。单击时间轴空白处可以添加更多分镜，通过单击在各分镜间切换。

图 16.11　Loop 功能界面

图 16.12　Storyboard 功能界面

　　在分镜内填写的提示词会影响从其位置到下一个提示词之间的内容。将写好的提示词拖至靠近结尾的位置，可以优化视频生成逻辑。填写提示词时，下方的提示词润色按钮非常实用。单击对应按钮后，可以将简短提示词扩写为包含光照、景别、角度等拍摄要素的详细长提示词，以提升视频生成质量。

　　在故事板功能的辅助下，影片生成时的节奏把控更为精准，不同阶段所呈现的画面内容重点得以有效隔离，互不干扰。结合前述的 Re-cut 功能，可以在时间轴上添加分镜提示框，进而更精细地掌控后续片段的生成方向。

　　还有一种更为稳定的控制分镜的方式是通过上传图像来实现。在空白的分镜框内单击右下角的"+"按钮，可以从计算机中选择一张图像加入故事板，利用图像引导生成过程。每上传一张图像，Sora 会自动对其进行描述，并在相邻位置生成一个填入提示词的分镜，同时提醒用户注意不同图像之间的风格和角色一致性。

　　Sora 的故事板功能充满想象力，它使 Sora 成为目前最接近真正打通整个 AI 视频生成工厂化流程的模型。这一功能不仅为制作具有连贯性的长视频奠定了基础，也为零散分镜的创作提供了更灵活的操作空间，满足了不同视频创作场景下的多样化需求。

第 17 章

春晚同款机甲秀——三步打造宇树科技机器人炸场舞蹈

作为全球华人文化盛宴的春晚，一直是创新与突破的展示舞台。

2025 年春晚，机器人表演成为科技与艺术完美融合的典范，尤其是转手绢节目，以精准流畅的动作吸引无数目光。舞台上，机器人列队整齐，手绢高速旋转，动作整齐划一，节奏精确无误。它们不仅能完美完成复杂动作，还能随音乐节奏变化，做出富有创意的动作组合，如队形变换、交叉换位等。

每一个动作转换衔接得天衣无缝，毫无卡顿。图 17.1 所示为春晚舞台机器人转手绢画面。

图 17.1　春晚舞台机器人转手绢画面

机器人在春晚的精彩表演，得益于工程师的复杂编程和精密机械设计。他们编写程序，精确控制机器人的动作路径、时间节点、手臂运动轨迹、角度速度，同时调整身体平衡和姿势，确保表演零失误。机械结构的精巧设计，让机器人关节灵活，动作流畅，完美呈现复杂表演。

对于普通人而言，借助 AI 技术让机器人跳舞早已是现实。

这一创新应用曾掀起热潮，引发大量话题和流量，如机器人割麦子、做饭等视频，点赞无数。图 17.2 所示为网络爆火机器人截图。

图 17.2　网络爆火机器人截图

而制作这类机器人舞蹈视频其实并不复杂，有多种方法可供选择。

第一种方法是 AI 文生视频技术，用户输入机器人舞蹈动作、场景、音乐等描述，AI 就能快速生成相应视频。

例如，用户输入类似"在一个充满科技感的舞台上，机器人伴随着动感音乐，跳出融合街舞和机械舞风格的舞蹈，动作流畅且富有节奏感"的描述，AI 就能利用其算法和数据学习，生成符合要求的机器人舞蹈视频。图 17.3 所示为 AI 生成的机器人在舞台上跳舞的画面。

图 17.3　AI 生成的机器人在舞台上跳舞的画面

这种方法的优点是能随时固定机器人形象，丰富场景；缺点是视频缺少真实感和与真人的互动感。

第二种方法是使用阿里的"Motionshop—AI 替换视频人物"技术，也就是前文提到的热门短视频制作方法。其本质是利用 AI 技术将原视频中的人物进行抠图替换，可以理解为视频抠图。在那些爆款视频中，机器人做饭或割麦子的场景其实并非真实机器人所为，而是先有人在做动作，再利用 Motionshop 将其替换为机器人。

这一技术操作简单，虽未开源，但已有网页体验版可供使用。

下面介绍这种办法如何复刻春晚宇树机器人跳舞的名场面。

首先打开相应网址（见网址 16），进入 Motionshop 主页面，如图 17.4 所示。

使用该功能需要先完成登录，支持 GitHub 账号或短信验证登录，安全便捷且完全免费，用户可以放心使用。

登录后，平台已全面展示各项功能及使用方法。

具体操作分为以下几步。

图 17.4　Motionshop 主页面

步骤 1　上传包含完整人物的视频，注意视频需要一镜到底且人物始终清晰完整，系统会自动截取前 30 秒作为处理片段。图 17.5 所示为 Motionshop 上传视频界面。

图 17.5　Motionshop 上传视频界面

步骤 2　选择要替换的人物，目前版本暂不支持手动选择，算法将自动识别并选择画面中占比最大的人物作为替换目标。

步骤 3　挑选心仪的虚拟角色模型，单击"生成视频"按钮，静候 10 分钟左右，即可完成视频生成，获得替换人物后的视频成果。

这个项目提供多种预设人物模板用于视频替换功能。由于只能将视频中的人物替换为指定模板，这导致爆款视频中机器人形象较为单一。此外，该功能仅能替换一个主体，若画面中存在多个主体，系统会选择出镜时间最长的主体进行替换。生成效果展示如图 17.6 所示。

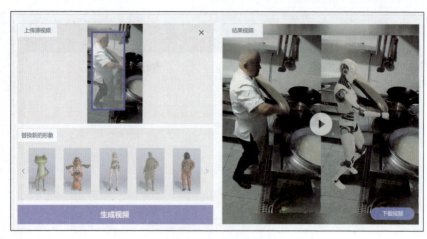

图 17.6　生成效果展示

　　完成选择后，单击"生成视频"按钮，稍作等待，生成后的视频将出现在界面右侧。以笔者将削面师傅替换为机器人的视频为例，虽然替换效果在细节上尚有不足，但考虑到该技术仍处于发展阶段，与耗时数月的专业建模相比，已足以满足娱乐需求。

　　第三种方法是不受人物限制的替换技术，这需要用到 VIGGLE AI 这一工具。它类似于 Motionshop，但功能更强大，不仅能自定义上传替换人物，还能替换背景。

　　先在谷歌浏览器中输入相应网址（见网址 17），进入 VIGGLE 主页面，如图 17.7 所示。

图 17.7　VIGGLE 主页面

　　这里可以使用谷歌登录，选择谷歌账号登录即可。图 17.8 所示为 VIGGLE 操作界面。

　　进入 VIGGLE 操作界面，界面简洁明了，操作流程简单易懂。

　　在"Mix 混合"界面中可以进行人物替换操作，"Motion 运动"功能用于上传原视频，即需要替换人物的视频；"Character 特点"功能则用于上传要替换的人物形象，建议上传清晰的正面全身照以达到最佳效果，若上传半身照，AI 会自动补齐下半身。

　　完成上传后，单击"Create 创造"按钮（图 17.8），即可开始生成视频。

图 17.8　VIGGLE 操作界面

在"Mix 混合"界面中可以选择生成模型（图 17.9），不同版本的模型具有不同特性。例如，V2 模型着重增强面部细节；V2-turbo 模型则主打更快的生成速度。

图 17.9　"Mix 混合"界面截图

但在实际测试中，两者区别并不显著，通常选择最新模型即可，因为一般来说，最新模型在效果上更具优势。图 17.10 所示为 V2 模型选择界面。

图 17.10　V2 模型选择界面

除了模型选择之外，还可以对视频背景进行设置。若仅需替换人物，选择默认背景（From video 来自视频）即可；若希望同时更换背景，可在背景库中挑选或自行上传。

需要注意的是，若自行上传的背景与原视频的光线色调不匹配，可能会使效果显得不够自然，出现类似人物被单独抠图的痕迹。效果库如图 17.11 所示。

图 17.11　效果库

此外，VIGGLE 还提供大量的动作素材库，用户能够借助其素材库实现动作捕捉，其中还包含诸多跳舞视频，可供使用与参考。图 17.12 所示为 AI 生成的机器人打拳效果展示。

图 17.12　AI 生成的机器人打拳效果展示

以替换人物视频技术为例，将打太极的人物替换为机器人，并设置绿色背景，使机器人可以随着季节更替练习太极。这一创意展示了 AI 视频生成技术的趣味性与创新性。

掌握上述技术后，用户可以尝试复刻春晚舞台上的机器人舞蹈视频。通过 AI 视频生成工具，如 VIGGLE，用户能够自定义上传替换人物形象和背景，突破了传统视频制作的限制。借助这些工具，用户能够创作出更加多样化和富有想象力的视频内容。

第18章

私人AI导演，用DeepSeek定制你的 24小时导演AI智能体

在当前的 AI 浪潮中，AI 智能体（Agent）被认为是通往通用人工智能（AGI）的最可能路径。

这一评价不可谓不高，那么，AI 智能体到底是什么？为何会受到如此赞誉？

本章将结合一个实际案例，用简洁明了的语言，为读者剖析其中的奥秘。

假设你是一位短视频编导或者影视剧导演，一个常见的问题决策是：下一部作品应该选择什么类型的题材？如果直接向大模型询问这个问题，得到的回答往往充斥着"要平衡艺术性与商业价值""需结合观众审美趋势"这类看似深刻，实则模棱两可的套话，就像获得了一本导演指南的目录索引，却找不到具体的拍摄坐标。

对于这类知识密集型的决策任务，仅通过与大模型的一次简单问答，几乎不可能获得真正有价值的结果。图 18.1 所示为 DeepSeek 分析选题方向。

图 18.1　DeepSeek 分析选题方向

因此不妨先来观察一下，人类在解决这种问题时的行为，成熟的创作者通常会从多维度构建决策坐标系，先会梳理影响内容传播的关键要素，如平台算法偏好、用户互动特征、热点话题走向等。基于这些经验，创作者通常会把选题拆解为具体操作：分析近期爆款视频的标题关键词、出具脚本、修改脚本及输出结果这几个步骤。这种将抽象目标转换为可执行步骤的思维模式，正是 AI 智能体通过大语言模型试图模拟的人类创作路径。下面通过实战的案例进行详细的说明。

步骤1　生成一个初步的脚本，如图 18.2 所示。

步骤2　AI 智能体根据笔者培训成功的爆款流程框架，进行二次修改润色，如图 18.3 所示。

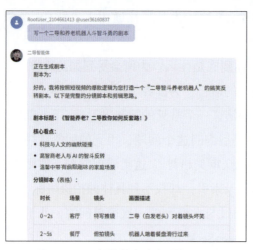

图 18.2　AI 智能体自动生成第一版脚本

图 18.3　AI 智能体自动对脚本进行润色

步骤 3　根据修改润色后的脚本，自动生成分镜提示词，如图 18.4 所示。

步骤 4　AI 智能体根据提示词生成分镜画面，如图 18.5 所示。

正在生成提示词：["Close-up shot of silver-haired old man smirking at camera, smartphone video frame, realistic lighting, retro living room with robot arm in background, shot on iPhone","Top view of cylindrical robot sliding on floor with food tray, futuristic home kitchen, neon blue accents, mechanical joints detail, mobile phone camera perspective","Slow-motion macro shot of wrinkled hands swapping pills with rainbow candies, shallow depth of field, natural window light, sugar granules visible","Handheld shaky cam of robot head rotating 180 degrees, red alert lights flashing, digital HUD overlay, cinematic tension lighting","Medium two-shot of elderly man fake sleeping under blankets vs robot lifting covers, bedside lamp glow, comedic facial expressions, smartphone video aesthetic","Side-angle shot of senior pouring tea from balcony, cityscape bokeh background, liquid splash capture, candid phone recording style","Extreme close-up of robotic claw grabbing soda can, metallic texture details, condensation droplets, dynamic action freeze frame, realistic CG rendering","Fisheye lens distortion showing robot escorting reluctant old man, stretched perspective comedy effect, vibrant living room colors, vlog-style framing","Dutch angle rotating shot of mischievous elder grinning, dramatic side lighting, visible smart home control panel in background, phone camera tilt effect","Split-screen composition: smoking robot with error messages vs triumphant senior holding hacker device, contrasting warm/cool lighting, YouTube thumbnail style"]

图 18.4　AI 智能体自动根据脚
本生成分镜提示词

图 18.5　AI 智能体自动根据提示词
生成分镜画面

上述案例中，大模型的回答只能给出一些决策建议，而 AI 智能体却能够自主思考需求后将需求拆分，并根据需求自主完成任务，最终帮助用户完成一项需求的落地，这就是 AI 智能体的优势之处。全部流程都由 AI 智能体自主完成，过程中用户无须干预，自动完成并输出结果。

那么，如何创建一个能够真正帮助用户进行决策并执行目标任务的智能体？

打开 coze（扣子）官网，在百度中搜索 coze 或输入相应网址（见网址 18）。在百度中搜索 coze 界面如图 18.6 所示。

图 18.6　在百度中搜索 coze 界面

进入 coze 主页面后，在右上角单击"+"按钮，在打开的"创建"窗口中单击"创建智能体"按钮，如图 18.7 所示。

图 18.7　创建智能体

创建智能体后，系统将引导用户进行初步设置。在此步骤中，需要填写智能体名称、智能体功能介绍，甚至上传图像作为头像。这些信息在公开智能体时尤为重要，它们是用户了解智能体功能和用途的关键途径。智能体名称应简洁明了，功能简介需要准确反映其核心能力，而头像则能增强视觉识别度，吸引潜在用户。

通过精心设计这些元素，不仅可以提升智能体的专业形象，还能帮助其他用户快速理解其价值，从而促进其更广泛的使用和传播。图 18.8 所示为"创建智能体"界面。

图 18.8　"创建智能体"界面

完成智能体信息的编写后，单击"确认"按钮，进入创建智能体参数设置界面即可进行智能体的创建，如图 18.9 所示。

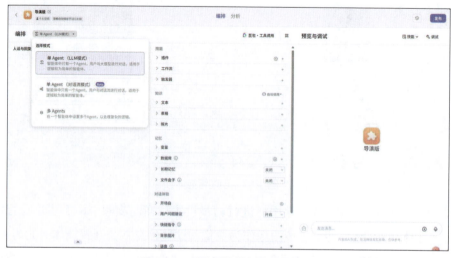

图 18.9　创建智能体参数设置界面

在该界面左上角，用户可以根据自身需求，在单 Agent（LLM 模式）、单 Agent（对话流模式）及多 Agents 这三种模式间作出选择。对于大多数使用场景而言，单 Agent（LLM 模式）已足以满足需求。在该模式下，智能体能够基于大型语言模型，独立分析并处理任务，适用于需要智能体自主生成文本或提供信息的场景。

若在特定场景下，如客户服务或个人助理，需要智能体以对话形式互动，则可以选择对话流模式。多 Agents 模式则适用于复杂任务，允许多个智能体协同工作，通过分工与交互完成更复杂的项目。

在选择模式时，用户应综合考虑任务复杂度、互动需求及应用场景，以确保智能体发挥最大效用。

完成模式选择后，在界面中间部分找到需要调用的大语言模型。这里默认选项是"豆包"，但用户可以通过单击并向下滚动列表来选择"DeepSeek-R1·工具调用"，如图 18.10 所示。

图 18.10　模型选择界面

DeepSeek-R1 具备更先进的语言理解和生成能力，能为智能体提供更精准、更高效的任务处理支持，适用于复杂问题解答、专业内容创作等多种场景。

完成模型选择后，即可根据自身需求创建智能体。

界面中部的控制栏是主要操作区域，每行选项右侧的"+"按钮用于添加相应插件，如图 18.11 所示。

通过这一栏，用户可以灵活地定义智能体的行为和能力，如添加不同的工具、技能或知识库，以使其能够处理各种任务。

在创建智能体的过程中，用户还可以根据实际应用场景，调整各功能模块的参数和配置，确保智能体高效运行。这一设计不仅提升了智能体的定制化程度，还增强了其适应性和实用性，可以满足不同用户在多样化场景下的需求。

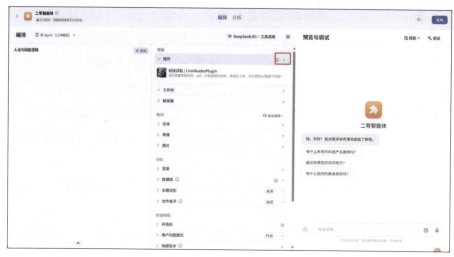

图 18.11　插件添加按钮

当用户单击"+"按钮后，系统会提示选择所需的插件，如图 18.12 所示。

图 18.12　添加插件列表

例如，笔者打算创建一个用于短视频创作的 AI 导演智能体，它需要分析大量短视频内容以供参考，那么可以选择"链接读取"插件，以便智能体能够访问和分析网络上的相关视频资源。同时，鉴于短视频制作通常需要生成图像等视觉内容，还可以选择"图像类"插件，以增强智能体在图像处理和生成方面的能力。

需要注意的是，插件的添加不仅限于一个。用户可以根据智能体的具体需求，灵活地添加多种插件来完善其功能。

例如，除了上述提到的插件类型，用户还可以考虑添加"文本编辑"插件来处理脚本撰写，或者添加"音频处理"插件来优化视频的音频部分。

通过合理选择和组合不同的插件，用户可以打造一个功能全面、专业高效的智能体，以满足短视频创作中的多样化需求。

完成插件添加后，我们便迈出了智能体构建的第一步。接下来，将进入智能体工作流的创建阶段，如图18.13所示。

图18.13　添加工作流列表

单击工作流的"+"按钮，会发现官方已经提供了一些预设的工作流模板，这些模板旨在帮助用户快速上手并进行初步学习。然而，这些预设工作流的功能相对基础且简单，仅能满足一些常规操作需求。为了打造更贴合自身需求、更具专业性和高效性的智能体，用户通常需要进一步构建自己的专属工作流。

通过自定义工作流，用户可以将之前添加的插件及智能体的各项功能模块进行有机整合，从而实现更复杂、更精准的任务处理流程。

在智能体工作流的创建过程中，用户会发现其流程采用的是节点式设计，与前面章节介绍的ComfyUI有相似之处，通过类似于电路连接的方式，将各个步骤依次连接。图18.14所示为智能体工作流展示。

不同之处在于，这个工作流具备智能纠错功能，无须担心报错问题。

在创建智能体工作流时，只需按照自己的逻辑顺序，如第一步进行问题分析、第二步收集相关资料、第三步进行内容创作、第四步总结归纳等，将这些步骤像搭积木一样串联起来，形成一个完整的工作流程。

这种节点式的智能体工作流创建方式，不仅简洁明了，而且灵活高效，能够根据具体任务需求轻松调整和优化，能够极大地提升工作效率和质量。

创建好智能体工作流之后，下一步便是让智能体学习用户的资料，这一过程可以形象地理解为将知识"喂"给AI，使其成为最了解用户的AI助手。

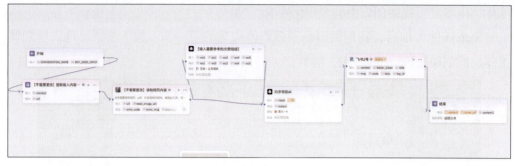

图 18.14　智能体工作流展示

　　在此环节，用户可以上传各类资料，包括但不限于事先总结好的文本、过往的文档、数据表格及具有参考价值的图像等，供智能体学习和吸收。图 18.15 所示为可调试列表。

图 18.15　可调试列表

　　通过这一过程，智能体能够深入理解用户的需求、偏好及工作模式，从而更精准地为用户提供个性化的服务和支持。无论是专业领域的知识储备，还是日常事务的处理习惯，智能体都可以通过学习这些资料逐渐掌握，进而成为用户在工作和生活中的得力助手。

单击文本右侧的"+"按钮，即可上传所需文本。上传内容涵盖本地多种格式的文本与表格，还支持网页数据及飞书文档内容。图 18.16 所示为创建知识库界面。

图 18.16　创建知识库界面

完成资料上传后，知识库的搭建即可完成。AI 将自动学习并能在用户需要时调用知识库内容。知识库的调用方式支持设置，常用有全文及语义搜索，一般默认设置即可满足需求，特殊场景下可以根据实际使用进行调整。图 18.17 所示为知识库设置页。

图 18.17　知识库设置页

在智能体基本设置完成后，还有一些可选的非必要设置可供调整。

当用户完成所有必要的设置后，可以在右侧的状态栏中进行调试和初步使用。这一过程有助于用户发现智能体可能存在的潜在问题，并及时进行优化和调整。如果在调试过程中，用户对智能体的表现和功能感到满意，就可以单击右上角的"发布"

按钮，正式创建并发布一个专属于你的 AI 智能体。

这意味着用户成功地将创意、需求与技术相结合，打造出了一个能够满足自己特定要求的 AI 助手。图 18.18 所示为二导智能体测试界面。

图 18.18　二导智能体测试界面

总结一下，创建 AI 导演智能体的过程包括以下几个关键步骤。

（1）编写智能体的基本信息，如智能体名称、智能体功能介绍和头像，为后续使用奠定基础。

（2）选择合适的工作模式，通常单 Agent（LLM 模式）已足够满足需求。

（3）选取并添加所需的大语言模型，如 DeepSeek-R1，以增强智能体的处理能力。在功能拓展方面，通过添加插件来完善智能体的功能。例如，为短视频创作的导演智能体添加链接读取和图像类插件。

（4）创建节点式工作流，按照逻辑顺序将分析、收集、创作和总结等步骤串联起来，形成高效的工作流程。

（5）完成工作流后，上传知识库资料，包括文本、表格、图像甚至视频等。例如，导演可以将剧本、导演手册及其他相关资料"喂"给智能体，让智能体学习并理解导演的知识体系。

（6）在完成智能体的调试与优化后，单击"发布"按钮，一个专属于你的 AI 导演智能体便正式诞生了，它能够全天候不间断地为你工作，随时响应你的需求，协助你完成各项任务。

虽然当前的智能体尚处于发展的初级阶段，但随着 AI 技术的不断进步和算法的持续优化，其功能将日益完善，未来有望在更多领域发挥重要作用，成为人类得力的智能助手，为我们的生活和工作带来更多的便利与创新。